人工智能应用导论

主　　编　杨忠明

副主编　曾文权　程庆华　常亚萍

参　　编　党丹丹　何　磊　张金香　韩天琪

　　　　　邹燕妮　闫纪如　张　军　方拥华

U0288373

西安电子科技大学出版社

内 容 简 介

  本书主要从应用的角度讲述人工智能、大数据、云计算相关技术，让读者从应用场景了解人工智能以及该应用场景下的核心技术。书中设计了简单而实用的体验环节，让读者去观察这些智能应用，通过观察增强对人工智能的了解；配备了操作类视频指导资源等，方便读者更直观地学习人工智能知识。

  全书共 9 章，内容分别为人工智能发展史，人工智能主要研究方向，智能识别，无人驾驶，智能助理，虚拟、增强及介导现实，大数据技术与应用，云计算技术与应用，新一代人工智能的发展与思考。各章后附有参考文献。

  本书是一本基础性强、可读性好、与生活贴近、易学易用、适合讲授和实训的人工智能教材，适用于电气信息类、机械类、电子信息科学类等高职高专、本科相关专业的学生，也可作为人工智能类、计算机类专业课程的先导学习教材。

图书在版编目(CIP)数据

人工智能应用导论/杨忠明主编. —西安：西安电子科技大学出版社，2019.10(2023.8 重印)
ISBN 978–7–5606–5451–5

Ⅰ. ①人…　Ⅱ. ①杨…　Ⅲ. ①人工智能—应用—教材　Ⅳ. ①TP18

中国版本图书馆 CIP 数据核字(2019)第 190584 号

策　　　划　高　樱
责任编辑　雷鸿俊
出版发行　西安电子科技大学出版社（西安市太白南路 2 号）
电　　话　(029)88202421　88201467　　　邮　　编　710071
网　　址　www.xduph.com　　　　　　　　电子邮箱　xdupfxb001@163.com
经　　销　新华书店
印刷单位　广东虎彩云印刷有限公司
版　　次　2019 年 10 月第 1 版　　2023 年 8 月第 10 次印刷
开　　本　787 毫米×1092 毫米　1/16　印张 13.5
字　　数　316 千字
定　　价　39.00 元
ISBN　978–7–5606–5451–5 / TP
XDUP 5753001-10
*** 如有印装问题可调换 ***

前　言

20 世纪，以电子、通信、计算机和网络技术为标志的第三次技术革命，将人类文明带入信息时代；21 世纪，以人工智能为标志的技术革命将信息技术推进到一个新的时代。为了争夺这个新时代的制高点，美国提出工业互联网，德国提出工业 4.0，中国提出中国制造 2025，英国提出工业 2050，日本提出 Society5.0 等战略目标。信息技术与人工智能的融合，催生新的产业，对人才提出新要求。为深入实施"中国制造 2025"，按照国家制造强国建设领导小组的统一部署，教育部、人力资源和社会保障部、工业和信息化部等部门共同编制了《制造业人才发展规划指南》，其中排在首位的是新一代信息技术产业人才。

人工智能技术立足于神经网络，同时发展出多层神经网络的深度学习，实现了目前主流的人工智能应用。人工智能基于大数据的技术支持和数据采集，在人工设定的特定性能和运算方式下实现；而大数据和人工智能必须依托云计算的分布式处理、分布式数据库和云存储、虚拟化技术才能形成行业级应用。人工智能、大数据、云计算、物联网是当今人工智能应用的基本组成要素。

区别于其他人工智能导论类教材算法及基本原理的叙述角度，本书主要从应用的角度讲述人工智能、大数据、云计算相关技术，让读者从应用场景了解人工智能以及该应用场景下的核心技术。本书还设计了简单而实用的体验环节，使读者通过观察这些环节中的智能应用，增强对人工智能的了解。另外，本书也讲述了人工智能的发展历史、技术产业现状，整理了世界各国的人工智能产业政策，让读者了解主流国家在新时代的国家态度，分析了人工智能产业和技术的发展趋势，提出了人工智能的安全隐患以及人工智能伦理等问题，希望读者能对目前新一代人工智能有更广阔的了解和思考。

本书是一本基础性强、可读性好、与生活贴近、易学易用、适合讲授和实训的新形态立体化人工智能教材，配备操作类视频指导资源等相关教学资源，主要面向希望了解人工智能技术概貌的初学者，帮助读者了解人工智能的发展过程与基本知识，熟悉人工智能产业的发展现状与市场需求，培养人工智能应用能力。本书适用于电气信息类、机械类、电子信息科学类等高职高专、本科相关专业的学生，也可作为人工智能类、计算机类专业课程的先导学习教材。

本书共9章，全书整体的编写脉络由杨忠明、曾文权设计完成，常亚萍、程庆华负责全书的配套资源规范设计，方拥华负责本书的课程思政内容编写。各章节编写分工为：第一章由曾文权、党丹丹编写；第二章由杨忠明、常亚萍编写；第三章由闫纪如、韩天琪编写；第四章由韩天琪编写；第五、六章由张金香编写；第七章由邹燕妮、张军编写；第八章由何磊编写；第九章由程庆华编写。

由于编者水平有限，书中可能还存在一些不足之处，恳请读者批评指正。

编　者
2019 年 7 月

目 录

第一章 人工智能发展史

继蒸汽时代、电气时代、信息时代和互联网时代后，人类正掀起新一轮的人工智能革命，进入人工智能时代，人工智能将成为推动人类进入智能时代的决定性力量。世界各国已经认识到人工智能技术引领新一轮产业变革的重大意义，纷纷转型发展，把发展人工智能作为提升国家竞争力、维护国家安全的重大战略，抢占布局人工智能创新生态。我国也认识到了人工智能对国家的巨大影响，2017 年 7 月 20 日，国务院出台《新一代人工智能发展规划》(后面简称《规划》)，提出了面向 2030 年我国新一代人工智能发展的指导思想、战略目标、重点任务和保障措施。《规划》提出坚持科技引领、系统布局、市场主导、开源开放的基本原则，制定三步走的战略目标，抢占人工智能发展的先发优势，加快建设创新型国家和世界科技强国。

1.1 人工智能的诞生

在 20 世纪 40 年代和 50 年代，来自数学、心理学、工程学、经济学和政治学等不同领域的科学家开始探讨制造电子大脑的可能性。人工智能从维纳的控制论探索，到游戏 AI 初探，再到图灵的计算理论，这些密切相关的想法暗示了构建电子大脑的可能性，但直至 1956 年，人工智能才被确立为一门学科。

1. 控制论与早期神经网络

20 世纪 30 年代末到 50 年代初，一系列科学进展交汇引发最初的人工智能研究。神经学研究发现大脑是由神经元组成的电子网络，其激励电平只存在"有"和"无"两种状态，不存在中间状态。维纳的控制论描述了电子网络的控制和稳定性，克劳德·香农提出的信息论则描述了数字信号(即高低电平代表的二进制信号)，图灵的计算理论证明数字信号足以描述任何形式的计算。这些密切相关的想法暗示了构建电子大脑的可能性。

这一阶段的工作包括一些机器人的研发，例如威廉·格雷·沃尔特(W.Grey Walter)的"乌龟(Turtles)"，还有"约翰·霍普金斯兽(Johns Hopkins Beast)"。这些机器并未使用计算机，它们使用纯粹的模拟电路控制数字电路和符号推理。 最早描述所谓"神经网络"的学者沃尔特·皮茨(Walter Pitts)和沃伦·麦卡洛克(Warren McCulloch)分析了理想化的人工神经元网络，并且指出了它们进行简单逻辑运算的机制。他们的学生马文·闵斯基(Marvin Lee Minsky)在 1951 年与迪恩·艾德蒙兹(Dean Edmonds)一同建造了第一台神经网络机，称为 SNARC。1953 年 IBM 推出 IBM 702，成为第一代 AI 研究者使用的电脑，如图 1-1 所示。

图 1-1　IBM 702——第一代 AI 研究者使用的电脑

2. 游戏 AI

游戏 AI 一直被认为是评价 AI 发展水平的一种标准。1951 年，克里斯·托弗(Christopher Strachey)使用曼彻斯特大学的 Ferranti Mark 1 机器写了一个西洋跳棋(Checkers)程序；迪特里希·普林茨(Dietrich Prinz)写了一个国际象棋程序。20 世纪 50 年代中期和 60 年代初，亚瑟·塞缪尔(Arthur Samuel)开发的国际象棋程序的棋力已经可以挑战具有相当高水平的业余爱好者。

3. 图灵测试

1950 年，图灵发表了一篇划时代的论文，文中预言了创造具有真正智能机器的可能性。他提出了著名的图灵测试：如果一台机器能够与人类展开对话(通过电传设备)而不被辨别出其机器身份，那么称这台机器具有智能。这一简化使得图灵能够令人信服地说明"思考的机器"是可能的。论文中还回答了对这一假说的各种常见质疑。图灵测试是人工智能在哲学方面第一个严肃的提案。

4. 符号推理与"逻辑理论家"程序

20 世纪 50 年代中期，随着数字计算机的兴起，一些科学家直觉地感到可以进行数字操作的机器也应当可以进行符号操作，而符号操作可能是人类思维的本质。这是创造智能机器的一条新路。

1955 年，纽厄尔(Newell)和西蒙(Simon)(后来荣获诺贝尔奖)开发了"逻辑理论家"。这个程序能够证明《数学原理》中前 52 个定理中的 38 个，其中某些证明比原著更加新颖和精巧。西蒙认为他们已经"解决了神秘的心/身问题，解释了物质构成的系统如何获得心灵的性质"。

5. 1956 年达特茅斯会议：AI 的诞生

1956 年，达特茅斯会议的组织者是马文明斯基(Marvin Minsky)、约翰·麦卡锡(John McCarthy)，参与会议组织的还有克劳德·香农(Claude Shannon)以及尼尔·罗切斯特(Nathan Rochester)。会议提出的断言之一是"学习或者智能的任何其他特性的每一个方面都应能被精确地加以描述，使得机器可以对其进行模拟"，与会者包括雷·索洛莫洛夫(Ray Solomonoff)、奥利弗·赛尔弗里纪(Oliver Selfridge)、特仑查德更多(Trenchard More)、亚瑟·塞缪尔、纽厄尔和西蒙，他们中的每一位都在 AI 研究的第一个十年中作出重要贡献。会上麦卡锡说服与会者接受将"人工智能"一词作为本领域的名称。从此 AI 的名称和任务得以确定，这一事件标志着人工智能学科的诞生。

随后，人们对人工智能概念有了更深的认知和定义，如图 1-2 所示。人工智能是研究开发能够模拟、延伸和扩展人类智能的理论、方法、技术及应用系统的一门新的技术科学，研究目的是促使智能机器会听(语音识别、识别人说话、机器翻译)、会看(图像识别、文字识别、车牌识别)、会说(语音合成、人机对话)、会思考(人机对弈、定理证明、医疗诊断)、会学习(机器学习、知识表示)、会行动(机器人、自动驾驶汽车、无人机)。

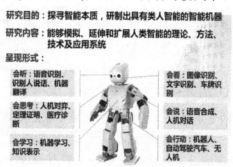

图 1-2　人工智能概念

1.2　人工智能的发展

人工智能的发展

1.2.1　人工智能的发展阶段

神秘又令人神往的人工智能，它的发展并不是一帆风顺的，在充满未知的探索道路上它经历了兴起与低迷，然而，它又以新的面貌迎来了新一轮的发展。我们将人工智能的发展历程划分为六个阶段：起步发展期、反思发展期、应用发展期、低迷发展期、稳步发展期和蓬勃发展期。人工智能的发展历程如图 1-3 所示。

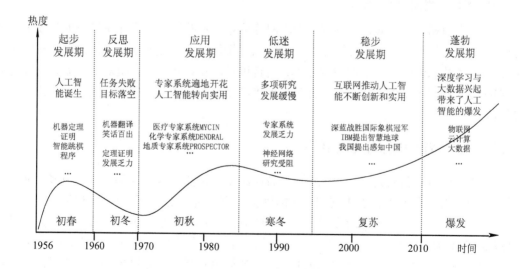

图 1-3　人工智能的发展历程

1. 起步发展期(1956 年至 20 世纪 60 年代初)

人工智能概念提出后，相继取得了一批令人瞩目的研究成果，如机器定理证明、跳棋程序等，掀起了人工智能发展的第一个高潮。

2. 反思发展期(20 世纪 60 年代至 70 年代初)

人工智能发展初期的突破性进展大大提高了人们对人工智能的期望，人们开始尝试更具挑战性的任务，并提出了一些不切实际的研发目标。然而，接二连三的失败和预期目标的落空(例如，无法用机器证明两个连续函数之和还是连续函数、机器翻译闹出笑话等)，使人工智能的发展走入低谷。

3. 应用发展期(20 世纪 70 年代初至 80 年代中)

20 世纪 70 年代出现的专家系统，通过模拟人类专家的知识和经验来解决特定领域的问题，实现了人工智能从理论研究走向实际应用，从一般推理策略探讨转向运用专门知识的重大突破。专家系统在医疗、化学、地质等领域取得成功，推动人工智能走入应用发展的新高潮。

4. 低迷发展期(20 世纪 80 年代中至 90 年代中)

随着人工智能的应用规模不断扩大，专家系统存在的应用领域狭窄、缺乏常识性知识、知识获取困难、推理方法单一、缺乏分布式功能、难以与现有数据库兼容等问题逐渐暴露出来。

5. 稳步发展期(20 世纪 90 年代中至 2010 年)

由于网络技术特别是互联网技术的发展，加速了人工智能的创新研究，促使人工智能技术进一步走向实用化。1997 年国际商业机器公司(IBM)的深蓝超级计算机战胜了世界国际象棋冠军卡斯帕罗夫，2008 年 IBM 提出"智慧地球"的概念，这些都是这一时期的标志性事件。

6. 蓬勃发展期(2011 年至今)

随着大数据、云计算、互联网、物联网等信息技术的发展，泛在感知数据和图形处理器等计算平台推动以深度神经网络为代表的人工智能技术飞速发展，大幅跨越了科学与应用之间的"技术鸿沟"，诸如图像分类、语音识别、知识问答、人机对弈、无人驾驶等人工智能技术实现了从"不能用、不好用"到"可以用"的技术突破，迎来了爆发式增长的新高潮。

1.2.2　人工智能史上的关键事件

人工智能发展日新月异，智能客服、智能医生、智能家电等服务场景在很多行业都有了广泛的应用。人工智能经过 60 年的曲折发展，这一期间经历了一些关键事件：

1946 年，全球第一台通用计算机 ENIAC 诞生。它最初是为美军作战而研制，每秒能完成 5000 次加法，400 次乘法等运算。ENIAC 为后续人工智能的研究提供了物质基础。

1950 年，艾伦·图灵提出"图灵测试"。如果电脑能在 5 分钟内回答由人类测试者提出来的一系列问题，且其超过 30%的回答让测试者误认为是人类所答，则通过测试。这篇论文预言了创造真正意义上的智能机器的可能性。

1956 年，"人工智能"概念首次被提出。在美国达特茅斯学院(College)举行的一场为期两个月的讨论会上，"人工智能"概念首次被提出。

1959 年，首台工业机器人诞生。美国发明家乔治·德沃尔与约瑟夫·英格伯格发明了首台工业机器人。该机器人借助计算机读取示教存储程序和信息，发出指令控制一台多自由度的机械设备，但它对外界环境没有感知。

1964 年，首台聊天机器人诞生。美国麻省理工学院 AI 实验室的约瑟夫·魏岑鲍姆教授开发了 Eliza 聊天机器人，实现了计算机与人通过文本进行交流，但它只是用符合语法的方式将问题复述一遍。

1965 年，专家系统首次亮相。美国科学家爱德华·费根鲍姆等研制出化学分析专家系统程序 DENDRAL，它能够根据实验数据来判断、分析未知化合物的分子结构。

1968 年，首台人工智能机器人诞生。美国斯坦福研究所(SRI)研发的机器人 Shakey，能够自主感知、分析环境、规划行为并执行任务，可以感知人的指令，发现并抓取积木。Shakey 具备了一定的类似人的感觉，如触觉、听觉等。

1970 年，能够分析语义、理解语言的系统诞生。美国斯坦福大学计算机教授维诺格拉德(T.Winograd)开发的人机对话系统 SHRDLU，具备分析指令的能力，如理解语义、解释不明确的句子并通过虚拟方块操作来完成任务。SHRDLU 能够正确理解语言，被视为人工智能研究的一次巨大成功。

1976 年，专家系统广泛使用。美国斯坦福大学肖特里夫等人发布的医疗咨询系统 MYCIN，可用于对传染性血液病患进行诊断。接下来陆续出现了生产制造、财务会计、金融等各领域的专家系统。

1981 年，第五代计算机项目研发。日本率先拨款支持，目标是制造出能够与人对话、翻译语言、解释图像并能像人一样推理的机器。随后，英美等国也开始为 AI 和信息技术领域的研究提供大量资金。

1984 年，大百科全书(Cyc)项目。Cyc 项目试图将人类拥有的所有一般性知识都输入计算机，建立一个巨型数据库，并在此基础上实现知识推理，让人工智能的应用能够以类似人类推理的方式工作。它已经成为人工智能领域的一个全新研发方向。

1997 年，"深蓝"战胜国际象棋世界冠军。IBM 公司的国际象棋电脑深蓝(Deep Blue)战胜了世界国际象棋冠军卡斯帕罗夫。它的运算速度为 2 亿步棋每秒，并存有 70 万份大师对战的棋局数据，可搜寻并估计随后的 12 步棋。

2011 年，Watson 参加智力问答节目。IBM 开发的人工智能程序"沃森"(Watson)在一档智力问答节目中战胜了两位人类冠军。沃森存储了 2 亿页数据，能够将与问题相关的关键词从看似相关的答案中抽取出来。这一程序已被 IBM 广泛应用于医疗诊断领域。

2016—2017 年，AlphaGo 战胜围棋冠军。AlphaGo 是由 Google DeepMind 开发的人工智能围棋程序，具有自我学习能力，它能够搜集大量围棋对弈数据和名人棋谱，进行自主学习并模仿人类下棋。

2017 年，深度学习大热。AlphaGo Zero(第四代 AlphaGo)在无任何数据输入的情况下，自学围棋 3 天后，便以 100：0 的好成绩横扫了第二版本的"旧狗"，学习 40 天后，又战胜了在人类高手看来不可企及的第三个版本——大师。

1.2.3　人工智能的关键技术

人工智能产业链的关键技术如图 1-4 所示，主要分为三个核心层：基础层、技术层和应用层。

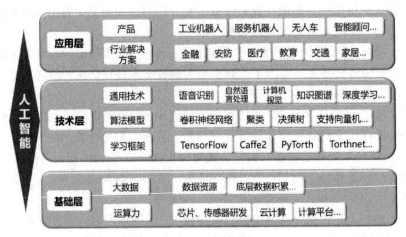

图 1-4　人工智能产业链关键技术

在基础层，大数据管理和云计算技术得到广泛的运用，为人工智能技术的实现和人工智能应用的落地提供了基础的后台保障，是一切人工智能应用得以实现的大前提；技术层聚焦于人机交互、计算机视觉、深度学习等领域；应用层聚焦于智能语音、智能医疗、机器人、智能家居、汽车电子等领域，当前正处于由专业应用向通用应用过渡的发展阶段。

从语音识别到智能家居，从人机大战到无人驾驶，人工智能已经深入我们的生活和工作中。如今人工智能已经发展成一个庞大的技术体系。人工智能技术包含了机器学习、知识图谱、自然语言处理、人机交互、计算机视觉、生物特征识别、AR/VR 七个关键技术。

1. 机器学习

机器学习(Machine Learning，ML)是一门涉及统计学、系统辨识、逼近理论、神经网络、优化理论、计算机科学、脑科学等诸多领域的交叉学科，研究计算机怎样模拟或实现人类的学习行为，以获取新的知识或技能。基于数据的机器学习是现代智能技术的重要方法之一，例如，当我们浏览商城的网站时，经常会出现商品推荐的信息，这是商城根据以往的购物记录和收藏清单，识别出哪些是你真正感兴趣且愿意购买的产品。这种决策模型使得商城可以为客户提供建议并鼓励产品消费。根据学习模式、学习方法以及算法的不同，机器学习存在不同的分类方法。根据学习模式不同可以将机器学习分为监督学习、无监督学习、半监督学习和强化学习等；根据学习方法不同又可以将机器学习分为传统机器学习和深度学习。

2. 知识图谱

前 Google 杰出工程师阿米特·辛格(Amit Singhal)博士在介绍知识图谱时是这样讲的："The world is not made of strings, but is made of things."(构成这个世界的是实体，而非字符串。)简单地说，知识图谱达到的主要目标是描述真实世界中存在的各种实体和概念以及它们之间的关联关系，如国家间的知识图谱，如图 1-5 所示。

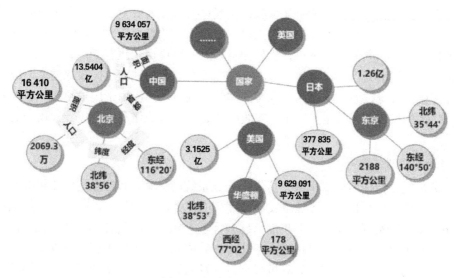

图 1-5 国家间的知识图谱

知识图谱本质上是结构化的语义知识库，是一种由节点和边组成的数据结构，以符号形式描述真实世界中的概念及其相互关系，其基本组成单位是"实体—关系—实体"三元组以及实体及其相关"属性—值"对。不同实体之间通过"关系"相互联结，构成网状的知识结构。在知识图谱中，每个节点表示现实世界的"实体"，每条边为实体与实体之间的"关系"。通俗地讲，知识图谱就是把所有不同种类的信息连接在一起而形成的一个关系网络，提供了从"关系"的角度去分析问题的能力。知识图谱的应用有 Google 最早提出的将知识图谱用于搜索引擎、微软的聊天机器人小冰和 IBM 的自动问答机器人 Watson。

3. 自然语言处理

自然语言处理(NLP)就是开发能够理解人类语言的应用程序或服务，实现人机间的信息交流。自然语言处理机制涉及两个流程，分别为自然语言理解和自然语言生成。自然语言理解是指计算机能够理解自然语言文本的意义；自然语言生成则是指计算机能以自然语言文本来表达给定的意图。自然语言库涉及的领域较多，主要包括机器翻译(如译星、金山词霸、有道词典、百度翻译、谷歌翻译等)、机器阅读理解(如百度阅读理解等)、问答系统(如tipask、Google answer、百度知道、新浪爱问、天涯问答、雅虎知识堂、果壳、知乎网等)。

自然语言处理面临的四大挑战如下：

(1) 在词法、句法、语义、语用和语音等不同层面存在不确定性；

(2) 新的词汇、术语、语义和语法导致未知语言现象的不可预测性；

(3) 数据资源的不充分使其难以覆盖复杂的语言现象；

(4) 语义知识的模糊性和错综复杂的关联性难以用简单的数学模型描述，语义计算需要参数庞大的非线性计算。

4. 人机交互

人机交互(Human-Computer Interaction，HCI)是指人与计算机之间使用某种对话语言，以一定的交互方式完成确定任务的人与计算机之间的信息交换过程。它主要包括人到计算机和计算机到人的信息交换两部分。人机交互技术除了传统的基本交互和图形交互外，还包括语音交互、情感交互、体感交互及脑机交互等技术。人机交互的一个重要问题是：要考虑不同的计算机用户具有不同的使用风格，如在用户的教育背景、理解方式、学习方法以及具备技能都不相同的情况下，计算机如何做到与每位用户进行无障碍交流。

人机交互应用潜力巨大，比如，应用于智能手机配备的地理空间跟踪技术，应用于可穿戴式计算机、隐身技术、浸入式游戏等的动作识别技术，应用于虚拟现实、遥控机器人及远程医疗等的触觉交互技术，应用于呼叫路由、家庭自动化及语音拨号等场合的语音识别技术等。

5. 计算机视觉

计算机视觉是指使用计算机来模仿人类视觉系统的科学，其目标是使计算机具备类似人类提取、处理、理解和分析图像以及图像序列的能力。换句话说，就是给计算机安装上眼睛(照相机)和大脑(算法)，使计算机能够感知环境。当前，计算机视觉已应用到自动驾驶、机器人、智能医疗等领域。计算机视觉可分为计算成像学、图像理解、三维视觉、动态视觉和视频编解码五大类。目前，计算机视觉技术发展迅速，已具备初步的产业规模。但是计算机视觉技术的发展仍面临以下挑战：

(1) 如何在不同的应用领域与其他技术更好地结合。计算机视觉利用大数据来解决某些问题时，虽已经非常智能，但仍然无法达到很高的精度。

(2) 如何降低开发时间和人力成本。目前，计算机视觉算法需要大量的数据和人工标注，需要较长的研发周期，要满足应用领域的要求，仍有一些难度。

(3) 如何加快新型算法的设计开发。多样化的成像硬件与人工智能芯片的不断出现，对于计算机视觉的算法设计与开发也是挑战之一。

6. 生物特征识别

生物特征分为生理特征(如指纹、面像、虹膜、掌纹等)和行为特征(如步态、声音、笔迹等)。生物特征识别就是依据每个个体之间独一无二的生物特征对其进行识别与身份的认证，具体而言，生物特征识别技术是计算机利用人体所固有的生理特征(指纹、虹膜、面相、DNA等)或行为特征(步态、击键习惯等)来进行个人身份鉴定的技术。生物特征识别技术涉及的内容十分广泛，目前已经发展了指纹识别、掌纹与掌形识别、虹膜识别、人脸识别、手指静脉识别、声音识别、签字识别、步态识别、键盘敲击习惯识别、DNA识别等，在指纹机和手形机市场占有率最高。目前，生物识别作为重要的智能化身份认证技术，在金融、公共安全、教育、交通等领域得到了广泛的应用。

7. VR/AR

VR(虚拟现实)/AR(增强现实)是指以计算机为核心的新型视听技术。利用 VR/AR 技术可以在一定范围内生成与真实环境在视觉、听觉、触感等方面高度近似的数字化环境。用户借助显示设备、跟踪定位设备、触力觉交互设备、数据获取设备、专用芯片等必要的装备与数字化环境中的对象进行交互，相互影响，获得近似真实环境的感受和体验。目前，VR/AR 面临的挑战主要体现在智能获取、普适设备、自由交互和感知融合四个方面。在硬件平台与装置、核心芯片与器件、软件平台与工具、相关标准与规范等方面存在一系列科学技术问题。总体来说，VR/AR 呈现虚拟现实系统智能化、虚实环境对象无缝融合、自然交互全方位与舒适化的发展趋势。

1.2.4　我有话要说：科技是第一生产力

根据考古发现，大约在 580 万年前出现最早的直立人(猩猩)，400 万年前出现南方古猿，160 万年前古猿学会使用火，40 万前年进入旧石器时代，大约 1 万年前人类进入新石器时代，之后是红铜时代。公元前约 4000 年，人类进入青铜器时代，而铁器时代大约在公元前 3000～1000 年之间。公元 1765 年，以珍妮纺织机为标志，人类开始了第一次工业革命；1785 年，瓦特蒸汽机的发明标志着人类进入蒸汽时代；电气时代的标志是 1866 年发明的电动机；1957 年，第一代电子管计算机诞生；1959 年，发明第二代晶体管计算机；1964 年，发明第三代集成电路计算机；1969 年，互联网的出现标志着人类步入信息时代；今天，我们又进入了以"人工智能"为标志的第四次工业革命时代。人类的进化过程如图 1-6 所示。

图 1-6　人类的进化过程

中国 5000 年的文明在第一次工业革命面前受到了沉重的打击，让中国人经历了一段苦难屈辱的历史。但是，从 1949 年毛泽东主席在天安门城楼宣布新中国成立之后，中国人民从此站起来了。1978 年，邓小平率领全国人民进行改革开放，中国人民从此富起来了。党的十八大以来我国取得历史性成就，发生历史性变革，中国特色社会主义进入新时代，中华民族迎来了从站起来、富起来到强起来的伟大飞跃。中国只用了几十年时间便从蒸汽时代、电气时代进入到信息时代，今天我们又昂首阔步地迈入了"人工智能"时代。

作为一名中国人你骄傲了吗？你对中国有信心吗？

1.3　新一代人工智能

新一代人工智能

随着互联网的普及、传感器的涌现、大数据的助力、电子商务的充分发展，数据和知识在人类社会、物理空间和信息空间之间交叉融合、相互作用，人工智能已经进入一个新的发展阶段。世界各国纷纷将人工智能作为抢抓下一轮科技革命先机的重要举措，例如人工智能成为德国"工业 4.0"、美国"工业互联网"、日本"超智能社会"、"中国制造 2025"等重大国家战略的核心技术。2017 年 7 月 20 日，国务院发布了《新一代人工智能发展规划》，开启了我国新一代人工智能的新征程。

1.3.1　新一代人工智能的主要驱动因素

当前，随着移动互联网、大数据、云计算等新一代信息技术的加速迭代演进，人类社会与物理世界的二元结构正在进阶到人类社会、信息空间和物理世界的三元结构，人与人、机器与机器、人与机器的交流互动愈加频繁。人工智能发展的信息环境和数据基础发生了深刻的变化，数据的愈加海量化，运算力的持续提升，算法模型的不断优化，结合多种场景的新应用已构成相对完整的闭环，这些成为推动新一代人工智能发展的四大要素。

1. 人机物互联互通成趋势，数据量呈现爆炸性增长

互联网、社交媒体、移动设备和传感器的大量普及，大数据技术的广泛应用为通过深度学习训练人工智能提供了良好的土壤。目前，全球数据总量每年都以倍增的速度增长，预计到 2020 年将达到 44 万亿吉兆字节(GB)，中国产生的数据量将占全球数据总量的近20%。海量的数据将为人工智能算法模型提供源源不断的素材，人工智能正从监督学习向无监督学习演进，不断优化机器学习算法，从而积累经验、发现规律。

2. 数据处理技术加速演进，运算能力实现大幅提升

人工智能领域富集了海量数据，传统的数据处理技术难以满足高强度、高频次的处理需求，然而人工智能芯片的出现，加速了深层神经网络的训练迭代速度，极大地促进了人工智能行业的发展。目前，出现了 GPU、NPU、FPGA 和各种各样的 AI-PU 专用芯片，它们采用"数据驱动并行计算"的架构，用于处理视频、图像类的海量多媒体数据，具有高线性运算效率，同时拥有更低的功耗。

3. 深度学习研究成果卓著，带动算法模型持续优化

2006 年，加拿大多伦多大学教授杰弗里·辛顿(Geoffrey Hinton)提出了深度学习的概念，极大地发展了人工神经网络算法，提高了机器自学习的能力。2012 年，谷歌大脑团队使用深度学习技术，成功让电脑从视频中"认出"了猫。算法模型的重要性进一步凸显，全球科技巨头纷纷成立实验室，通过开源算法框架、打造生态体系等方式推动算法模型的优化和创新。目前，深度学习等算法已经广泛应用于自然语言处理、语音处理以及计算机视觉等领域，并在某些特定领域取得了突破性进展，从监督学习演化为半监督、无监督学习。

4. 资本与技术深度耦合，助推行业应用快速兴起

在技术突破和应用需求的双重驱动下，人工智能已走出实验室，并迅速向各个产业领域渗透，产业化水平大幅提升。在此过程中，资本成为产业发展的加速器：一方面，跨国科技巨头以资本为杠杆，展开投资并购活动，不断完善产业链布局；另一方面，各类资本对初创型企业的支持，使得优秀的技术型公司迅速脱颖而出。据美国技术研究公司 Venture Scanner 的调查报告显示，截止到 2017 年 12 月，全球范围内总计 2075 家与人工智能技术有关公司的融资总额达到 65 亿美元。同时，美国行业研究公司 CB Insight 公布了对美国人工智能初创企业的调查结果，这类企业的融资金额约是 2012 年的 10 倍。目前，人工智能已在智能机器人、无人机、金融、医疗、安防、驾驶、搜索、教育等领域得到了较为广泛的应用。

1.3.2 新一代人工智能的主要发展特征

在数据、运算能力、算法模型、多元应用的共同驱动下，人工智能正从用计算机模拟人类智能演进到协助引导提升人类智能，通过推动机器、人与网络相互连接融合，更为密切地融入人类生产生活中，从辅助性设备和工具进化为协同互动的助手和伙伴。新一代人工智能的主要发展特征如图1-7所示。

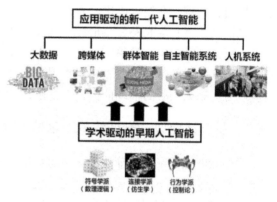

图1-7 新一代人工智能的主要发展特征

1. 大数据成为人工智能持续快速发展的基石

随着新一代信息技术的快速发展，计算能力、数据处理能力和处理速度有了极大提升，机器学习算法快速演进，大数据的价值逐渐凸显。新一代人工智能以大数据为驱动，基于给定的学习框架，不断优化参数设置及环境信息，具有了高度的自主性。例如，在输入30万张人类对弈棋谱并经过3千万次的自我对弈后，人工智能AlphaGo具备了媲美顶尖棋手的棋力。

2. 文本、图像、语音等信息实现跨媒体交互

计算机图像识别、语音识别和自然语言处理等技术的不断发展，使得计算机在准确率及效率方面取得了明显进步，目前在无人驾驶、智能搜索等垂直行业得到了广泛应用。与此同时，文本、图像、语音、视频等信息突破了各自的局限，实现了跨媒体交互，进一步推进了智能化搜索、个性化推荐的发展。未来，人工智能将逐步向人类智能靠近，并模仿人类综合利用视觉、语言、听觉等感知信息，实现识别、推理、设计、创作、预测等功能。

3. 基于网络的群体智能技术开始萌芽

随着互联网、云计算等新一代信息技术的快速应用及普及，人工智能研究的焦点，已从打造具有感知智能及认知智能的单个智能体向打造多智能体协同的群体智能转变。群体智能充分体现了"通盘考虑、统筹优化"的思想，具有去中心化、自愈性强和信息共享高效等优点，相关的群体智能技术已经开始萌芽并成为研究热点。例如，我国研究开发了固定翼无人机智能集群系统，并于2017年6月实现了119架无人机的集群飞行。

4. 自主智能系统成为新兴发展方向

在长期以来的发展历程中，人工智能一直尝试与仿生学的结合，如美国军方曾经研制的机器骡以及各国科研机构研制的一系列人形机器人等。但受技术水平的制约和应用场景的局限，没有被大规模应用推广。当前，随着生产制造智能化改造升级的需求日益凸显，通过嵌入智能系统对现有的机械设备进行改造升级成为更加务实的选择，也是"中国制造2025"、"德国工业4.0"、"美国工业互联网"等国家战略的核心举措。在此引导下，自主智能系统正在成为人工智能的重要发展及应用方向。例如，沈阳机床以i5智能机床为核心，打造了若干智能工厂，实现了"设备互联、数据互换、过程互动、产业互融"的智

能制造模式。

5. 人机协同正在催生新型混合智能形态

人类智能在感知、推理、归纳和学习等方面具有机器智能无法比拟的优势，机器智能则在搜索、计算、存储、优化等方面领先于人类智能，两种智能具有很强的互补性。人与计算机协同，互相取长补短将形成一种新的"1+1 > 2"的增强型智能，也就是混合智能，这种智能是一种双向闭环系统，既包含人，又包含机器组件，人可以接受机器的信息，机器也可以读取人的信号，两者相互作用，相互促进。在此背景下，人工智能的根本目标已经演进为提高人类智力活动能力，更智能地为人类完成复杂多变的任务。

1.3.3　我有话要说：辩证法的发展观与人工智能发展史

发展的观点是唯物辩证法的一个总特征。唯物辩证法认为，无论是自然界、人类社会还是人的思维都在不断地运动、变化和发展，事物的发展具有普遍性和客观性。发展的实质是新事物的产生和旧事物灭亡；事物发展的方向是前进的、上升的；事物前进的道路是曲折的、迂回的；事物的发展总是从量变开始，量变是质变的必要准备，质变是量变的必然结果，质变又为新的量变开辟道路，使事物在新质的基础上开始新的量变。事物的发展，从形式上看是一个螺旋式上升或波浪式前进的，方向是前进上升的，道路是迂回曲折的，是前进性与曲折性的统一。

人工智能从 20 世纪 40 年代产生至今，经历了起步期、反思期、应用期、低迷期、稳步期、蓬勃期，也是一个螺旋向上的发展过程。

你的人生是否也经历过曲折和低迷？你认可辩证法的发展观吗？

参 考 文 献

[1]　Oskycar. 人工智能历史[EB/OL] . (2016-04-07). http://www.360doc.com/content/16/ 0407/ 23/ 2036337_548721448.shtml.

[2]　求是. 人工智能的历史、现状和未来[EB/OL] . (2019-02-23). https://baijiahao. baidu.com/s? id= 1626225036349017037&wfr=spider&for=pc.

[3]　灵声机器人. 一文读懂人工智能产业链[EB/OL] .(2018-02-09).https://baijiahao.baidu.com/s? id=1591890237720025566&wfr=spider&for=pc.

[4]　中国电子学会. 新一代人工智能发展白皮书(2017) [EB/OL]. (2018-02-26).www.qianjia. com/html/ 2018-02/ 26_285790.html.

习题

第二章 人工智能主要研究方向

从古至今，人类对自身的秘密一直充满好奇。随着科学技术的飞速发展，人类不断破译人体的生命密码，人们希望通过某种技术或者某些途径来创造出模拟人思维和行为的"替代品"，使它能帮助人们从事某些领域的工作。人工智能是研究开发用于模拟、延伸和扩展人类智能的理论、方法、技术及应用系统的一门新的技术科学。人工智能是相对于人类智能而言的，人工智能的本质是对人类思维的信息过程的模拟，是人类智能的物化。无论是在过去，现在还是将来，人工智能技术都是科学研究的热点问题之一。

2.1 机器感知与模式识别

2.1.1 机器感知

机器感知就是计算机直接"感觉"周围世界，就像人一样通过"感觉器官"直接从外界获取信息，如通过视觉器官获取图形、图像信息，通过听觉器官获取声音信息。所以要研究机器感知，首先要涉及图像、声音等信息识别的问题，现在已发展了一门称为"模式识别"的专门学科。模式识别的主要目标就是用计算机来模拟人的各种识别能力，当前主要是对视觉能力和听觉能力的模拟，并且主要集中于语音识别、指纹识别、光学字符识别、DNA 序列识别、图像识别等。

图像识别是指利用计算机对图像进行处理、分析和理解，以识别各种不同模式的目标和对象的技术。图像识别是人工智能的一个重要领域。图像识别的发展经历了三个阶段：文字识别、数字图像处理与识别、物体识别。文字识别的研究是从 1950 年开始的，一般是指识别字母、数字和符号，从印刷文字识别到手写文字识别，应用非常广泛。数字图像处理与识别的研究开始于 1965 年。数字图像与模拟图像相比具有存储、传输方便，可压缩，传输过程中不易失真，处理方便等巨大优势，这些都为图像识别技术的发展提供了强大的动力。物体识别主要指的是对三维世界的客体及环境的感知和认识，属于高级的计算机视觉范畴，它是以数字图像处理与识别为基础并结合人工智能、系统学等学科的研究，其研究成果被广泛应用在各种工业及探测机器人上。

图像识别问题的数学本质属于模式空间到类别空间的映射问题。为了使计算机感知和理解我们输入的各种图像信息，早期研究采用的基本思路是：首先人为进行特征定义，再对输入信息进行特征匹配。比如人们手工设计了各种图像特征，这些特征可以描述图像的颜色、边缘、纹理等基本性质，计算机需结合这些图像信息的特征来识别和检测物体。但事实上，这些图像信息的特征是很难被定义的，比如每幅图片都是以十进制字符串的形式存储在计算机里(如图 2-1 所示)，要从这些数据中提取类似"有没有眼睛"这样的特征是一件极其困难的事情。

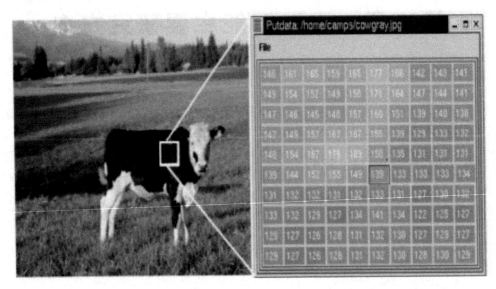

人理解图像　　　　　　　　　　　　机器"理解"图像

图 2-1　以图像数据感知为例示意图

为了编制模拟人类图像识别活动的计算机程序，人们提出了不同的图像识别模型，例如模板匹配模型，这种模型认为：识别某个图像，必须在过去的经验中有这个图像的记忆模式，又叫模板。当前的刺激如果能与大脑中的模板相匹配，则这个图像就可以被识别了。例如有一个字母 A，如果在脑中有个 A 模板，字母 A 的大小、方位、形状都与这个 A 模板完全一致，字母 A 就被识别了。这个模型简单明了，也容易得到实际应用，但该模型强调的图像必须与脑中的模板完全符合才能加以识别。而事实上，人不仅能识别与脑中模板完全一致的图像，也能识别与模板不完全一致的图像。例如，人们不仅能识别某一个具体的字母 A，也能识别印刷体的、手写体的、方向不正、大小不同的各种字母 A。同时，人能识别大量的图像，如果所识别的每一个图像都在脑中有一个相应的模板，则是不可能的。事实上，这也是当时计算机视觉领域面临的一个问题，即利用人工设计的图像特征，图像分类的准确率较低。

当通过人工设计图像特征来分类图像的准确率已经达到"瓶颈"之后，研究者们开始研究模拟人类识别图片时神经元采集信号的工作原理，为机器建立完成图像分类任务的人工神经网络。这种思想在 2012 年的 ImageNet 挑战赛(计算机视觉领域的世界级竞赛)中给人们带来了惊喜，来自多伦多大学的参赛团队首次使用深度神经网络，使图片分类的正确率达到了 84.7%，比上一年度采用特征设计算法的第一名的成绩整整提高了 10 个百分点。到 2017 年，通过改进和调整深度神经网络的深度和参数，图片分类的错误率已经可以降低到 2.3%，这个成绩比人类的分类错误率 5.1%还要好，基于深度学习的神经网络模型超过了普通人类肉眼识别的准确率。

深度神经网络之所以有这么强大的能力，就是因为它可以自动从图像中学习有效的特征。人类向机器输入大量的图片，机器识别这些图片的过程就是一个不断学习的过程。在传统的模式分类系统中，特征提取与分类是两个独立的步骤，而深度神经网络则将二者集成在了一起。类似于人类识别图像的方法，当给一个从未见过小狗图片的小孩展示多幅小狗图片之后，这个小孩就习得了小狗的特征，并能够从新的图片集里挑选出小狗的图片。

随着在机器视觉领域的突破，深度学习迅速开始在语音识别、数据挖掘、自然语言处理等不同领域攻城略地。此外，基于深度学习的科研成果还被推向了各个主流商业应用领域，如银行、保险、交通、医疗、教育等，而这一切得益于计算机处理能力的增强以及大数据时代的到来。

2.1.2　模式识别

模式识别(Pattern Recognition)是指研究自然界中存在的大量模式规律的表达，对表征事物或现象的各种形式的信息进行处理和分析，从而达到对事物或现象进行描述、辨认、分类和解释的目的。所谓模式就是数据中潜在的物体、行为、关系等，具有结构规则、重复出现的特点。模式识别系统由数据获取、模式分割、预处理、特征生成、特征选择、模式分类和后处理组成。模式识别是 20 世纪 70 年代和 80 年代一个非常热门的研究领域，然而其工程应用效果似乎总是差强人意。

模式识别强调的是如何使计算机程序去做一些看起来很"智能"的事情，例如识别"3"这个数字。如图 2-2 所示，对图像"3"进行处理的过程应用了图像预处理、边缘检测、特征提取等技术。

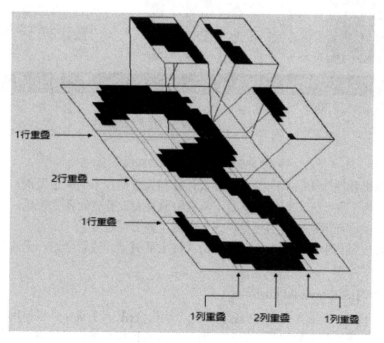

图 2-2　数字"3"的模式识别规律设计示范

人类见到一个物体后，通常就会下意识地给其归类：是动物还是植物，属于哪一门纲目属科，有果实吗，花朵是否漂亮，是否有毒等，这一大串归类构成了人们对于这种事物的整体认知。这种能力对于人类甚至一些动物来说，是非常简单而且几乎是与生俱来的。但是在模式识别中，机器似乎并不如人们所预料的那样"智能"，这种经由人为提取特征后交给机器，然后让机器去判断其他属性的工作就像是按图索骥，虽然有可能找到一匹真正的汗血宝马，但是也有可能找回一只可爱的小狗。

2.1.3　机器学习

机器学习(Machine Learning)不同于模式识别中人类主动去描述某些特征给机器，而是机器从已知的经验数据(样本)中，通过某种特定的方法(算法)，自己去寻找并提炼(训练/学习)出一些规律(模型)，提炼出的规律可以用来判断一些未知的事物/事情(预测)。

在机器学习中，尽管机器可以自行通过样本总结规律，但依旧需要人工干预，为机器提供总结规律的方向以及参数的维度,例如色彩识别需要统计色彩的 RGB 或者 CMYK 值，而且参数与参数之间也有高低前后之分。这种参数维度的确定以及参数重要性的评估，综合起来就是模型的建构，如图 2-3 所示。

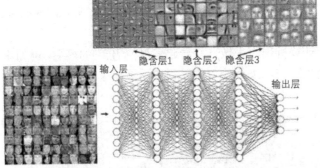

在人脸识别中，深度神经网络算法将人脸的图画信息内容提炼为逐个单元特征(unit feature)，并组合为更高级的复杂特征,如面部器官,进而实现对人脸的识别。

	深度学习算法	误识率	龙头企业	行业应用
语音识别	RNN	0.7%	科大讯飞、图灵机器人	语音助手、智能交互
人脸识别	CNN	0.001%	旷视科技、格灵深瞳、东方网力	金融安全、城市安防

图 2-3　基于神经网络的人脸识别示范

随着计算机硬件性能的不断提高以及云计算和大数据技术的快速发展，机器学习算法如虎添翼，成为了现今人工智能的核心，其应用遍及人工智能的各个领域。尤其是近几年来，机器学习在语音识别和鉴别视觉模式上取得了突破性进展。

机器学习按照其学习方式来分类可分为 4 种主要类型：监督学习、无监督学习、半监督学习和强化学习。

1. 监督学习(Supervised Learning)

监督学习拥有一个输入变量(自变量)和一个输出变量(因变量)，是指使用某种算法学习从输入到输出之间映射函数的学习方式。监督学习的目标是得到足够好的近似映射函数，当输入新的变量时可以以此预测到输出变量。算法从数据集学习的过程可以被看作一名教师在监督学习，所以称为监督学习。监督学习可以进一步分为分类问题(输出类别标签)和回归问题(输出连续值)。

下面以识别鸢尾花的种类为例理解监督学习的基本思想。鸢尾花鲜艳美丽，使人赏心悦目，全世界的鸢尾花大概有 300 个品种，常见的有山鸢尾和变色鸢尾。这里，我们希望能有一个公式来对鸢尾花的这两个常见品种进行预测分类。已知一般变色鸢尾有较大的花瓣，而山鸢尾的花瓣较小。如果使用监督学习的方法，为了得到这个分类公式，则需要先收集一些鸢尾花的数据，如表 2-1 所示。

表 2-1 鸢尾花的数据

萼片长度/cm	萼片宽度/cm	花瓣长度/cm	花瓣宽度/cm	类 别
5.1	3.5	1.4	0.2	山鸢尾
4.9	3	1.4	0.2	山鸢尾
4.7	3.2	1.3	0.2	山鸢尾
4.6	3.1	1.5	0.2	山鸢尾
7	3.2	4.7	1.4	变色鸢尾
6.4	3.2	4.5	1.5	变色鸢尾
6.9	3.1	4.9	1.5	变色鸢尾
5.5	2.3	4	1.3	变色鸢尾
...	...	...	...	...

根据表 2-1 中的数据可得到一个可用于分类的预测公式。表中的每一行称为一个样本(sample)，可以看到，每个样本包含了两个部分：用于预测的输入变量(萼片长度、萼片宽度、花瓣长度、花瓣宽度)和预测输出(类别)。利用表 2-1 中的数据可以对不同的预测公式进行测试，并通过比较在每个样本上的预测输出和真实类别的差别获得反馈，机器学习算法根据这些反馈不断地对预测公式进行调整。在这种学习方式中，预测输出的真实值通过提供反馈对学习起到了监督的作用，因此我们把这种学习方式称为监督学习。本节后续会给出监督学习的具体方法。

2. 无监督学习(Unsupervised Learning)

监督学习要求为每个样本提供预测量的真实值，这在有些应用场合是有困难的。比如在医疗诊断的应用中，如果要通过监督学习来获得诊断模型，则需要请专业的医生对大量的病例及它们的医疗影像资料进行精确标注，这需要耗费大量的人力，代价非常高昂。为了克服这样的困难，研究者们提出了无监督学习。

无监督学习指的是只有输入变量，没有相关的输出变量，目标是对数据中潜在的结构和分布建模，以便对数据做进一步的学习。相比于监督学习，无监督学习没有确切的答案，学习过程也没有受监督，是通过算法的运行去发现和表达数据中的结构。无监督学习可以进一步分为聚类问题(在数据中发现内在的分组)和关联问题(数据各部分之间的关联和规则)。

无监督学习往往比监督学习困难得多，但是由于它能帮助我们克服在很多实际应用中获取监督数据的困难，因此也一直是人工智能发展的一个重要方向。

3. 半监督学习(Semi-Supervised Learning)

半监督学习是监督学习与无监督学习相结合的一种学习方法,拥有大部分的输入数据(自变量)和少部分的有标签数据(因变量)。半监督学习可以使用无监督学习发现和学习输入变量的结构;使用监督学习对无标签的数据进行标签的预测,并将这些数据传递给监督学习算法作为训练数据,然后使用这个模型在新的数据上进行预测。

半监督学习通过有效利用所提供的监督信息,往往可以取得比无监督学习更好的效果,同时也把获取监督信息的成本控制在可以接受的范围内。

4. 强化学习(Reinforcement Learning)

在机器学习的研究中,我们还会遇到另一种类型的问题:利用学习得到的模型来指导行动。比如在下棋、股票交易或商业决策等场景中,我们关注的不是某个判断是否准确,而是行动过程能否带来最大的收益。为了解决这类问题,研究者提出了强化学习。

强化学习的目标是获得一个策略去指导行动。比如在围棋博弈中,这个策略可以根据盘面形势指导每一步应该在哪里落子;在股票交易中,这个策略会告诉我们什么时候买入、什么时候卖出。与监督学习不同,强化学习不需要包含输入与预测的样本,它是在行动中学习的。

强化学习可以训练程序作出某一决定,程序在某一情况下尝试所有可能的行动,记录不同行动的结果,并试着找出最好的一次尝试结果来做决定。强化学习可以自动进行决策制定,并且可以作连续决策,它主要包含五个元素,即决策主体(Agent)、环境、状态、动作和奖赏,如图2-4所示。

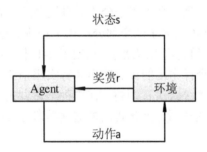

图2-4　强化学习模型

以围棋博弈为例,围棋棋盘上黑白子的分布位置就是一系列可以动态变化的状态,每一步选择落子的位置就是可以选取的动作,围棋博弈中的对手可以看成决策主体进行交互的环境,当决策主体通过动作使状态发生变化时,它会获得奖赏或者受到惩罚(奖赏为负值)。

强化学习会从一个初始的策略开始,通常情况下,初始策略不一定很理想。在学习过程中,决策主体通过动作和环境进行交互,不断获得反馈(奖赏或者惩罚),并根据反馈调整优化策略,这是一种非常强大的学习方式,通过持续不断的强化学习甚至可以获得比人类更优化的决策机制。2016年击败世界冠军李世石九段的阿尔法狗,其令世人震惊的博弈能力就是通过强化学习训练出来的。

机器学习的过程可以分为训练和测试两个不同的阶段,训练可以看成是机器学习的过程,那么机器是通过什么进行学习的呢?答案是数据。数据是人工智能的支柱之一,人工智能系统的训练往往需要大量的数据做支撑。为了让读者能更好地理解计算机是如何实现这些机器学习算法的，下面以监督学习为例讲解采用机器学习算法实现分类任务的过程。

【任务描述】

设计一个二分类器，实现对鸢尾花样本数据库中山鸢尾和变色鸢尾两种类别的分类功能。

步骤 1　数据采集。在鸢尾花样本数据库中，我们采集到了大量的两种鸢尾花的花瓣长度和宽度等信息，并且人为标注了每一朵花的真实类别。因此可以拿出样本库中的大部分样本作为计算机学习的依据，这部分样本数据，我们称之为训练集。当计算机通过不断地训练获得一个令我们比较满意的分类器时，我们再拿剩下的样本数据来检测该分类器的分类效果，这部分数据叫测试集。为简单起见，此处的特征值只考虑花瓣长度和花瓣宽度。

步骤 2　训练数据，求解参数。基于训练集来训练分类器的过程，其实就是一系列判断、计算和不断调整参数的过程。对两种鸢尾花进行分类的问题就是要依据样本数据库中每一朵花的特征值来将两种类别分开，不同类型的花按照其特征值来划分，就会分别集中分布在特征空间中不同的两块区域，那么一定会存在一条这样的直线可以将两个区域大致划分开来，如图 2-5 所示。训练的目标就是要找到这条直线，因此这种二分类器又被称为线性分类器。

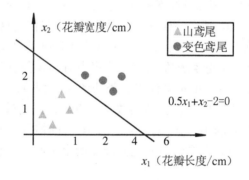

图 2-5　山鸢尾和变色鸢尾线性分类示意图

如果把要找的这条直线对应的线性方程记为 $f(x_1, x_2) = a_1x_1 + a_2x_2 + b$，那么我们的目的就是要找到合适的参数 a_1、a_2、b，使得对应的线性分类器能够正确区分开山鸢尾和变色鸢尾。下面我们介绍一种常见的训练线性分类器的算法——感知器。

感知器的主要思想是利用被误分类的训练数据调整现有分类器的参数，使得调整后的分类器判断得更加准确。我们通过简单的示意图来进行说明：最开始，计算机不知道这条直线应该画在哪里，即 a_1、a_2、b 的真实值未知，因此 a_1、a_2、b 三个参数的值可以任意设定，比如设定 a_1 和 a_2 的值为 1，设定 b 的值为 −2，这样分类直线对应的线性方程就是 $x_1 + x_2 = 2$，画出的直线如图 2-6(a) 所示。显然这条分类直线分错了 2 个样本，分类直线应向误分类样本的一侧移动，如图 2-6(b) 所示。第一次调整后，一个误分类样本的预测被纠正，但仍有一个样本被误分类。接下来，直线仍向着被误分类样本的一侧移动，直到分类直线越过该误分类样本，如图 2-6(c)所示。这样，所有训练数据都被正确分类了，所以图 2-6(c)中的直线就是在当前训练集下训练得到的效果最好的线性分类器。后续我们可以使用测试集中的数据来测试该分类器分类效果的优劣。

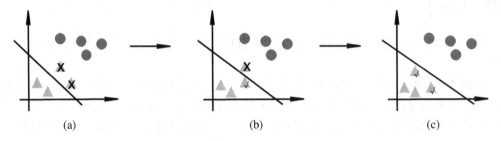

图 2-6　感知器的训练过程示意图

基于上面描述的机器自动寻找参数的思想，感知器算法需要解决下面三个问题：

(1) 感知器是如何感知某个误分类样本在当前分类器下被错误分类的？

(2) 如何衡量某次调整后得到分类器的优劣程度，即对数据的误分类程度？

(3) 如何利用误分类的数据来调整分类器的参数，使它趋向于真实值？

我们是通过先数学建模再量化最终解决以上三个问题的。对于第一个问题，在样本数据库中我们可以用 +1 和 −1 来标注两种花的真实类别，比如 +1 代表变色鸢尾，其对应的样本数据应该在分类直线的上方；−1 代表山鸢尾，其对应的样本数据应该在分类直线的下方。在训练的时候，若取到的样本类别真实值是 +1，则用其特征值代入分类器中计算，如果 $a_1x_1 + a_2x_2 + b < 0$，那么该样本被误分类了；同样，如果样本类别真实值是 −1，而计算结果 $a_1x_1 + a_2x_2 + b \geq 0$，那么该样本也被误分类了。我们把这两种情况综合起来，若 $y(a_1x_1 + a_2x_2 + b) \leq 0$，那么样本被误分类了，其中 y 表示数据的真实类别。

第二个问题中，如何衡量分类器在当前训练集中对样本数据误分类的出错程度？感知器是通过损失函数(Loss Function)来计算分类器的出错程度的。所谓损失函数，是在训练过程中用来度量分类器输出错误程度的数学化表示，预测错误程度越大，损失函数的取值就越大。在第一个问题中，$y(a_1x_1 + a_2x_2 + b) \leq 0$ 的情况是出错的分类。如果把这种出错的值都求和统计，则最终这个和就是分类器的出错程度。感知器采用的损失函数 L 定义为

$$L(a_1, a_2, b) = \sum_{i=1}^{n} \max(0, -y^{(i)} \times (a_1x_1^{(i)} + a_2x_2^{(i)} + b))$$

上述感知器的损失函数表示对训练数据中每个样本计算 $-y^{(i)} \times (a_1x_1^{(i)} + a_2x_2^{(i)} + b)$，并与零比较，如果大于零，则是误判，损失函数值增加；否则损失函数值不变。显然，如果没有误分类的数据，那么损失函数值为零；如果有误分类数据，就会使得损失函数值增大，并且误分类数据越多，损失函数值越大。换句话说，损失函数值越接近零，意味着分类器分类效果越好。

第三个问题中，当感知器发现分类效果不佳时，自身是如何调节三个参数的？调整分类器参数的过程叫优化，优化就是使损失函数值最小化的过程。感知器按照以下规则更新参数(将箭头右边更新后的值赋给左边的参数)：

$$a_1 \leftarrow a_1 + \eta y x_1$$
$$a_2 \leftarrow a_2 + \eta y x_2$$
$$b \leftarrow b + \eta y$$

其中，η 是学习率，学习率是指每一次更新参数的程度。我们可以发现，更新参数时利用了当前误分类样本对损失函数的影响量，通过不断修正每个误分类样本的偏差，预测值不断趋近目标值。

感知器在训练时通过多次迭代以上三个步骤，不断优化分类器，计算机最终会找到 a_1、a_2、b 三个参数的最优值。我们发现，该算法根据对每个样本预测得到的反馈结果不断地对预测的参数进行调整，预测输出的值通过反馈对学习起到了监督的作用，所以感知器算法是一种监督学习算法。

步骤 3　测试数据，验证参数。在得到合适的分类器后，我们希望知道该分类器的分类效果，因此，需要用测试集来对分类器的分类效果进行测试。测试就像机器学习之后进行的考试，在分类器的测试阶段，分类器会面对一批测试数据并要对每一个测试样本做出预测结果。如果分类的结果和测试样本的标注相同，那么分类正确，否则分类错误。

上面介绍了使用感知器来实现二分类的问题。二分类问题在实际生活中有着广泛的应用，比如手机对准人物拍照时，检测镜头下哪块区域是人脸；根据患者的生物组织样本图像，判断是不是癌症患者的医学影像……也可以基于二分类器来解决多分类问题，限于篇幅，在本书中不再扩展，感兴趣的读者可以查阅相关书籍做进一步的了解。

2.1.4　深度学习的物品检测案例

物品检测和定位(Detection + Localization)是指在输入图片中找出存在的物体类别和位置(可能存在多种物体)。物品检测可能存在多个检测目标，不仅需要判断出每个物体的类别，还要准确定位出每个物体的位置。

常见的物品检测算法包括 YOLO、SSD、RCNN 等。Redmom 在 TED 的演讲中，用手机演示实时检测出会场中的人、杯子、笔记本甚至领带时，惊艳全场(视频链接 https://www.ted.com/talks/joseph_redmon_how_a_computer_learns_to_recognize_objects_instantly)。

YOLO 的预测可以分为以下三步，如图 2-7 所示。

(1) 修改输入图片大小为 448 × 448 像素。

(2) 做一次卷积计算。

(3) 对预测结果过滤。

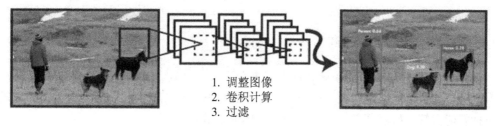

1. 调整图像
2. 卷积计算
3. 过滤

图 2-7　YOLO 的预测步骤示意图

YOLO 的预测将输入图片划分为 S × S 个小块，每个小块预测若干个边框和若干个类别，然后把检测问题抽象为回归问题，如图 2-8 所示。

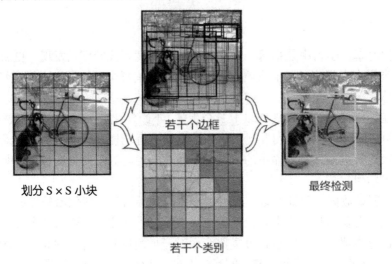

划分 S×S 小块　　　　　　若干个边框　　　　　　　最终检测

若干个类别

图 2-8　YOLO 检测过程示意图

2.1.5　我有话要说：鱼与熊掌的问题

隐私是指"不愿告人的或不愿公开的个人的事"。

隐私是分"人"的，即有些事情只是不想让一部分人知道，不想在更大范围公开。比如，有些事情可以让家人知道但不想让朋友知道，有些事情可以让室友知道但不想让其他同学知道……反之亦然。还有一些事情，陌生人看见了无所谓，熟人看见很难为情。

隐私还分场合：在寝室的隐私比在教室多，在家里的隐私比学校多，在学校的隐私比在公共场所多。不同开放程度的公共场所，人们会有不同的隐私感受和界限。比如浴室是公共场所，浴室里的人赤条条地你看我、我看你，没人觉得侵犯隐私，但如果被浴室外的人看到，情况就完全不同。

目前摄像监控无处不在，公共活动场场所的人脸识别系统都发挥了哪些良好作用？

鱼，我所欲也；熊掌，亦我所欲也！我们该如何取舍？

2.2　自然语言处理与理解

2.2.1　自然语言处理与理解

自然语言处理与理解(NLP&NLU)是计算机科学、人工智能、语言学的交叉学科，其技术目标是使机器能够理解人类的语言，是人和机器进行交流的技术。目前主要的应用领域包括智能问答、机器翻译、文本分类、文本摘要等。

1949 年，洛克菲勒基金会的科学家沃伦·韦弗就提出了利用计算机实现不同语言自动翻译的想法，以逐字对应的方法实现机器翻译，但存在的问题是，同一个词可能存在多种意义，在不同的语言环境下也具有不同的表达效果。到了 20 世纪 70 年代，语言学巨擘诺姆·乔姆斯基提出语言的基本元素并非字词而是句子，一种语言可以由有限的规则推导出无限的句子，基于规则的语句分析方法使得机器翻译结果更贴近于人类的思考方式。

语言的形成过程是自底向上的过程，语法规则并不是在语言诞生之前就预先设计出来的，而是在语言的进化过程中不断形成的。这促使机器翻译从基于规则的方法走向基于实例的方法，基于深度学习和海量数据的统计机器翻译已是业界主流。谷歌正是这个领域的领头羊与先行者，实现从句法结构与语序特点的规则化结构转换为通过对大量平行语料的统计分析来构建模型，将整个句子视做翻译单元，对句子中的每一部分进行带有逻辑的关联翻译，翻译的每个字词都包含着整句话的逻辑。

现代 NLP 算法是基于机器学习，特别是统计机器学习的算法。机器学习不同于之前的自然语言处理，许多不同类的机器学习算法已应用于自然语言处理任务，这些算法的输入是一组从输入数据生成的“特征”。一些最早使用的算法，如决策树产生的“如果…则…”规则，其输出结果可靠性较低。然而，越来越多的研究集中于统计模型，这使得基于附加实数值的权重、每个输入要素，是基于概率统计的决策。此类模型能够得出许多不同可能的答案，因此产生更可靠的输出结果。

无论是自然语言理解，还是自然语言生成，都远不如人们想象的那么简单。从现有的理论和技术现状看，通用的、高质量的自然语言处理系统，仍然是长期的努力目标。但是，具有自然语言处理能力的实用系统已经出现，有些已商品化，甚至开始产业化，典型的例子有多语种数据库和专家系统的自然语言接口、各种机器翻译系统、全文信息检索系统、自动文摘系统等。

2.2.2　自然语言人机交互

苹果 Siri、百度度秘、Google Allo、微软小冰、亚马逊 Alexa 等智能聊天助理程序的应用，正试图颠覆人们和手机交流的根本方式，将手机变成聪明的小秘书。

智能聊天助理程序采用自然语言处理算法实现人机对话。根据聊天机器人的智能水平，可以分为“弱人工智能”聊天助理和“强人工智能”聊天助理。前者使用专门的算法通过撷取提问者输入的关键字，搜索事先定义好的数据库，然后把预先设定好的回答回复给提问者。例如，A.L.I.C.E. 使用 AIML 标记式语言开发了爱丽丝机器人(Alicebots)，该机器人可实现谈话代理的功能，已被各类开发人员采用。不过爱丽丝机器人纯粹运用类型配对的技巧，缺乏思考能力，一般仅适用于资讯检索或客服问答等场景。而“强人工智能”聊天助理相对来说更具智慧和逻辑推理能力。例如，Jabberwacky 基于与使用者的即时互动，习得新的对答和语境处理，而不是根植于静态的数据库。一些较新的聊天机器人也融合了即时学习与进化算法，根据聊天经验，改善沟通能力，一个著名的例子是“凯尔”(Kyle) —— 2009 年里奥迪斯 (Leodis) 人工智能奖得主。不过，至今通用型的谈话人工智能助理仍不存在，在很多特定的情形下，比如上下文较复杂的场合，智能聊天助理常常答非所问，或有意无意地顾左右而言他。但不可否认，这些智能化的聊天助理已经展现出初步与人类沟通的能力。

2.3　知　识　图　谱

2.3.1　知识图谱概述

　　知识图谱，是计算机科学、信息科学、情报学当中的一个新兴的交叉研究领域，旨在研究用于构建知识图谱的方法和方法学，关注的是知识图谱的开发过程、知识图谱的生命周期、用于构建知识图谱的方法和方法学。

　　知识图谱已广泛应用于知识工程、人工智能以及计算机科学领域，同时在知识管理、自然语言处理、电子商务、智能信息集成、生物信息学和教育等方面以及语义网等新兴领域也得到广泛应用。知识图谱已经成为推动人工智能发展的核心驱动力之一。

　　大数据正在改变人类的生活、工作和思考方式，大数据对智能服务的需求已经从单纯的搜集获取信息转变为提供知识的智能服务。这些需求给知识工程提出了很多挑战性的难题，我们需要利用知识工程为大数据添加语义/知识，使数据产生智慧，完成从数据到信息再到知识，最终到智能应用的转变过程，从而实现对大数据的洞察，提供用户关心问题的答案，为决策提供支持，改进用户体验等目标。

　　知识工程从大数据中挖掘知识，可以弥合大数据机器学习底层特征与人类认知的鸿沟。知识图谱将信息表示成更接近人类认知世界的形式，可以将内容从符号转化为计算机可理解和计算的语义信息，使计算机更好地理解信息内容。知识图谱是构建大数据环境下由数据向知识转化的知识引擎，是实现从互联网信息服务到知识服务新业态的核心技术。知识工程 40 年的发展历程如图 2-9 所示。

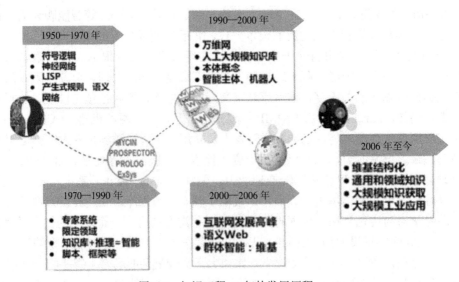

图 2-9　知识工程 40 年的发展历程

2.3.2　知识图谱定义

知识图谱的定义："知识图谱本质上是语义网络(Semantic Network)的知识库。"可以简单地把知识图谱理解成多关系图(Multi-relational Graph)。一般的图由节点和边构成，通常只包含一种类型的节点和边。而多关系图一般包含多种类型的节点和多种类型的边。在知识图谱里，通常用"实体(Entity)"来表示图中的节点，用"关系(Relation)"来表达图中的"边"。实体指的是现实世界中的事物，比如人、地名、概念、物品、公司等；关系则用来表达不同实体之间的某种联系，比如小明"居住在"珠海，小明和小芳是"朋友"，编程语言是数据结构的"先导知识"等。现实世界中的很多场景都适合用知识图谱来表达，如图 2-10 所示。

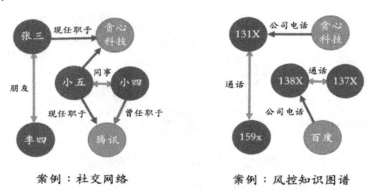

图 2-10　知识图谱关系图示例

2.3.3　知识图谱技术案例

已经构建好的知识图谱就像一个知识库，可以广泛应用，如搜索引擎的智能回答，百度搜索输入"曹植的父亲"，百度搜索自动推荐的首条记录就是"曹操"，如图 2-11 所示。当建立了曹植的知识图谱后，在搜索引擎执行搜索的时候，就可以通过关键词提取("曹植"，"曹操"，"父子")以及知识库上的匹配直接获得最终的答案。这种搜索方式跟传统的搜索引擎是不一样的，传统的搜索引擎返回的是网页而不是最终的答案，用户需要自己筛选并过滤信息才能获得最终的答案。

图 2-11　知识图谱形成知识库的应用示例

　　构建知识图谱是后续应用的基础,构建过程需要把数据从不同的数据源中抽取出来。一般垂直领域所应用到的知识图谱数据源有两种渠道:一种是业务本身的数据,通常包含在关系型数据库中,称为结构化数据;另一种是网络上公开、抓取的数据,通常是网页等各种存储形式,称为非结构化数据。结构化数据只需简单的预处理即可作为 AI 应用系统的输入,非结构化数据则需要借助自然语言处理等技术提取出结构化信息才能够被使用,如图 2-12 所示。

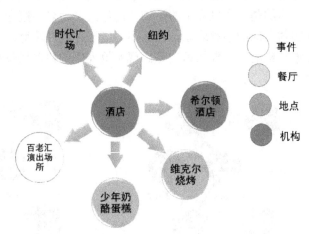

图 2-12　非结构化数据提取示例图

1. 实体命名识别(Name Entity Recognition)

　　从文本里提取出实体并对每个实体做分类/打标签:比如从上述文本里,我们可以提取出实体"纽约",并标记实体类型为"地点";我们也可以从中提取出"维克尔烧烤",并标记实体类型为"餐厅",这是一项相对成熟的技术,因此有一些现成的工具可以使用。

2. 关系抽取(Relation Extraction)

　　通过关系抽取技术可以将实体间的关系从文本中提取出来,比如实体"酒店"和"希尔顿酒店"之间的关系为"Is_a";"酒店"和"时代广场"的关系为"near"等。

3. 指代消解(Coreference Resolution)

　　在关系抽取中最棘手的问题是指代消解,文本中出现的"它","他","她"这些词到底指向哪个实体,比如在本文里被标记出来的"它"指向"酒店"这个实体。

2.3.4　知识图谱的存储

　　由于知识图谱的结构特点,使用传统的关系型数据库存储大量的关系表,在做查询的时候需要大量的表相互连接导致查询速度非常慢,所以知识图谱大部分采用的是图数据库。根据最新的统计(2018 年上半年),图数据库是增长最快的存储系统,关系型数据库的增长基本保持在一个稳定的水平。图 2-13 为常用的图数据库系统及其使用情况的排名,其中 Neo4j 数据库是使用率最高的图数据库,它拥有活跃的社区,而且系统本身的查询效率高。而 OrientDB 和 JanusGraph(原 Titan)支持分布式,但这些系统相对较新,技术支持的社区不如 Neo4j 活跃,在使用过程中遇到一些棘手的问题时可以参考的资料较少。

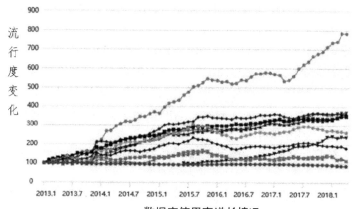

数据库使用率增长情况

排名	数据库
22	Neo4j (图数据库)
38	MarkLogic (XML)
49	OrientDB (图、文档)
86	Jena (RDF)

部分图数据库排名

图 2-13　数据库使用情况简图

2.3.5　我有话要说：辩证法的联系观与知识图谱

唯物主义的联系观是唯物辩证法的一个总特征。所谓联系就是事物之间以及事物内部诸要素之间相互影响、相互制约和相互作用的关系。唯物辩证法认为世界上一切事物都不是孤立存在的，而是和周围其他事物相互联系着的，整个世界就是一个普遍联系着的有机整体。唯物辩证法认为联系具有普遍性、客观性、多样性、条件性、可变性。因此，唯物辩证法主张用联系的观点看问题，反对形而上学孤立的观点。

知识图谱在图书情报界称为知识域可视化或知识领域映射地图，是显示知识发展进程与结构关系的一系列各种不同的图形，用可视化技术描述知识资源及其载体，挖掘、分析、构建、绘制和显示知识及它们之间的相互联系。

科学与哲学的关系是具体和一般、实践和理论的关系。二者互为联系，互相促进。研究科学离不开哲学的思维、判断、与逻辑，研究哲学也要以科学为基础，二者是不同的学科，又有着千丝万缕的联系。

哲学与科学，殊途而同归。你还能列举一些例子吗？

参 考 文 献

[1]　谢永杰, 智贺宁. 基于机器视觉的图像识别技术研究综述[J]. 科学技术创新, 2018(7): 74-75.

[2] 张润，王永滨. 机器学习及其算法和发展研究[J]. 中国传媒大学学报(自然科学版)，2016，23(2)：10-18.

[3] 石弘一. 机器学习综述[J]. 通讯世界，2018(10)：253-254.

[4] 欧华杰. 大数据背景下机器学习算法的综述[J]. 中国信息化，2019(4)：50-51.

[5] 方明之. 自然语言处理技术发展与未来[J]. 科技传播，2019，11(6)：143-144.

[6] 王东升，王卫民，王石，等. 面向限定领域问答系统的自然语言理解方法综述[J]. 计算机科学，2017，44(8)：1-8.

[7] 常亮，张伟涛，古天龙，等. 知识图谱的推荐系统综述[J]. 智能系统学报，2019,14(2)：207-216.

[8] 李涓子，侯磊. 知识图谱研究综述[J]. 山西大学学报(自然科学版)，2017，40(3)：454-459.

[9] 徐增林，盛泳潘，贺丽荣，等. 知识图谱技术综述[J]. 电子科技大学学报，2016，45(4)：589-606.

第三章　智 能 识 别

人工智能识别以人类的识别能力作为基础，对人类的思维方式和思考过程进行研究，将人类思维模式从抽象化到具体化，变成能够准确描述的物理信号，然后进行识别、判断和模拟，通过计算机程序的表达将人类的思维方式准确地复现出来。通过智能识别技术，最终可以对特定目标指令、口令以及数据信息等实现自动化、智能化识别。

3.1　应 用 场 景

人工智能识别技术应用的范围非常广泛，在多个领域均发挥着一定作用，其中在图像识别技术、语音识别技术和智能机器人领域尤为突出。

3.1.1　图像识别

人工智能识别技术在图像识别领域的应用起步相对较晚，因为该领域主要运用到的图像识别技术是一个异常高维的识别技术，不管图像本身的分辨率如何，其产生的数据经常是多维的，自身技术存在较大难度。图像识别技术是立体视觉、运动分析、数据融合等实用技术的基础。

目前，图像识别技术在医学、航空、卫星、军事、公共安全及工农业等多个领域被广泛应用。比如，医学领域应用心电图识别技术，可以检查并判断患者是否有相关疾病，以此对病人进行科学的医疗诊断；航空遥感和卫星遥感图像利用图像识别技术提取有用的信息，从而进行地形地质的探查，森林、水利、海洋、农业等资源的调查，灾害预测，环境污染监测，气象卫星云图处理等；军事领域应用图像识别技术进行目标的侦察、制导以及警戒系统的设计等；公共安全领域应用的主要技术有人脸识别技术和指纹识别技术，通过这两项技术的应用，可以有效保证用户信息的安全与可靠；交通领域车牌识别系统的应用以及农业领域种子识别技术的应用等都用到了图像识别技术。

3.1.2　语音识别

在语音识别领域，人工智能技术主要为人和机器提供一条交流的通道，使人与机器可以进行语音交流，让机器明白人在说什么，了解人的需求。在语音识别的过程中，人们解放双手，丢弃掉键盘，直接利用语音控制系统进行交流，系统会对人们输入的语言进行识别，并根据识别的内容进行相应的操作。该技术的应用可以有效地提高工作效率，避免了人工键盘输入容易出错及输入效率低下等问题，给人们展开工作带来了极大的便利。

语音识别技术在我们日常生活中的应用非常广泛，比如人们可以通过电话网络，用语音识别口语对话系统查询有关的机票、旅游、银行信息以及语音呼叫分配、语音拨号、分类订货等；日常生活中简单指令控制的玩具、智能家居、电视盒子、字幕配置、客服质检、输入法以及具备自然交互形态的智能音响等；在制造业的质量控制中，语音识别系统可以为制造过程提供一种"不用手"、"不用眼"的部件检查；在医疗方面，利用声音生成和编辑专业的医疗报告。

3.1.3　机器人技术

机器人技术最早出现在 20 世纪 70 年代，近年来随着科学技术的快速发展，机器人技术愈加智能化、成熟化。在机器人智能化发展的过程中，人工智能识别技术发挥着至关重要的作用，特别是有了机器视觉、语音识别以及更多的感知功能后，机器人和人的交互有了更好的体验，那些过去认为不现实的产品也变得越来越实用。机器人正出现在越来越多的应用场景中，比如，在智慧家庭应用场景中，智能机器人可以从事很多专门的服务，像陪伴老人、下棋、辅导学生、打扫卫生、安防监控等，带给用户很多的欢乐；人们开发的搜救机器人，可以在人不能到达的地方进行灾难抢救；工业机器人在制造业也广泛应用，比如搬运、弧焊等。

3.2　应用实例 1：智能小区

智能小区是指充分利用互联网、物联网、大数据、云计算等新一代信息技术的集成，基于信息化、智能化社会管理与服务的一种新型的小区管理形态。从功能上讲，智能小区是以社区居民为服务核心，从政务信息、物业信息、物业服务、商业服务等多方面，为居民提供安全、高效、便捷的智能化服务，全面满足居民的生存和发展需要。智能小区主要由高度发达的"邻里中心"服务、高级别的安防保障以及智能的社区控制构成。

3.2.1　案例分析

随着社会的进步和科技的高度成熟，人们对于安全问题越来越关注。小区作为大家的居住场地，由于场地大、人口居住密集等诸多因素导致小区安全管理仍旧是管理者的一大难题。

人工智能开启了智能化、智慧化时代的大幕，安防管理在现有的门禁系统和监控系统的基础上，增加人脸智能识别与行为轨迹跟踪、智能行为分析与预警、小区商业兴趣点分析等功能，运用高清、智能的物联网等核心技术，集成为小区内异构的安防业务系统，形成事前预警，事中控制，事后可追溯的安全防控体系，该安全防控体系可以对小区内部的住户、非住户、车辆、事件进行统一管理，预防各类案件发生，提升应急响应能力，提高小区内安保的管理水平和服务水平。

3.2.2　相关知识

　　智能小区以智能化、模块化、集成化为原则，系统平台为核心，人工智能为方向，集成视频安防、物联网、车辆管理、可视对讲、访客管理、IP 广播、门禁管理、信息发布、移动 APP、电子巡更、防盗报警、电子围栏、智能家居等子系统，如图 3-1 所示。具体功能包括人脸识别、人脸布控、人脸梯控、车辆识别、视频结构化、视频浓缩摘要、智能分析、客流统计、停车场管理、周界防护以及电子地图、数据报表信息的统一呈现、协同联动等。

图 3-1　智能小区架构图

1. 门禁管理

　　在现有的门禁管理系统上增加人脸识别功能。首先，对小区住户进行人脸信息的登记。其次，当住户要从某个门进出时，对准人脸识别门禁设备，设备会自动迅速准确地采集人脸信息，然后将读取的人脸信息发送到后台管理服务器，服务器通过与事先存储在数据库中的人脸信息进行比对，迅速得出该人脸匹配与否的分析，如果匹配，则门锁自动开启，否则该住户无法进出。

　　此外，对进出小区人员进行人脸抓拍、识别，完善信息采集与集中存储，建立人像集群库，出现异常情况时系统自动将相关视频数据传到报警中心，如图 3-2 所示。

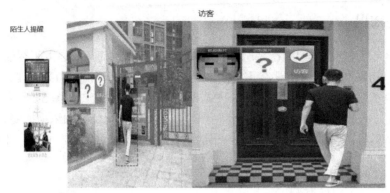

图 3-2　人脸识别

人脸识别是计算图库和测试图像之间一对一的相似性，从而确定两副图像是否是相同的主体。典型的人脸识别系统相似度的计算过程如图 3-3 所示。

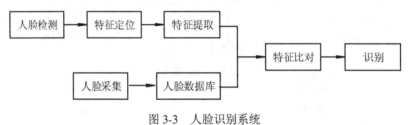

图 3-3　人脸识别系统

1）人脸采集

通过摄像镜头采集的人脸图像，可以是静态图像、动态图像、不同的位置、不同的表情等。当采集用户在设备的拍摄范围内时，采集设备会自动搜索并拍摄用户的人脸图像。

人脸采集的影响因素主要有采集角度、光照环境、清晰程度、图像分辨率、图像大小和附着物。

(1) 采集角度：人在不同的角度面向图像采集设备时呈现的图像是不同的，在采集图像时，人脸为正脸是最佳的。在实际场景中，可能是不同角度的人脸图像，因此算法模型需要训练包含左右侧人脸和上下侧人脸的数据。

(2) 光照环境：光照的强度及位置会直接影响识别的准确率及识别速度。采集设备可以利用自身功能降低光照环境的影响或者利用算法模型优化图像光线。

(3) 清晰程度：实际场景中人脸相对于摄像头是移动的，因此图像会出现模糊。可以使用抗模糊功能的摄像头，也可采用算法模型进行优化。

(4) 图像分辨率：图像分辨率越低，识别的速率和准确率越低。

(5) 图像大小：图像大小在实际场景中是指人脸和采集设备之间的距离。人脸图像太大则识别速度较慢，反之太小则识别的准确率较低。

(6) 附着物：五官有没有被遮挡或者装饰，比如是否有帽子、眼镜、口罩以及头发、胡须等遮挡物。

2）人脸检测

对输入图像采用一定的策略判断是否有人脸，如果有，则给出人脸的位置、大小和姿态。此过程首先进行的是图像预处理，即对图像进行亮度或颜色矫正、灰度变换、直方图均衡化、几何归一化、目标对齐、中值滤波及锐化等，从而消除图像中的无关信息，恢复有用的真实信息，增强有关信息的可检测性，最大限度地简化数据，提高数据的一致性。

人脸检测的经典算法是 Adaboost 算法，该算法是一种迭代算法，其核心思想是针对同一个训练集训练不同的分类器(弱分类器)，然后把这些弱分类器集合起来，构成一个更强的最终分类器(强分类器)，即选取出最能够代表人脸的矩形特征，按照加权的方式将这些矩形特征构造成一个强分类器，再进行训练，将训练得到的分类器融合起来，组合成一个级联结构的层叠分类器，并放在关键的训练数据上面。

目前，主流的人脸检测算法是卷积神经网络(CNN)。CNN 是一类包含卷积计算且具有深度结构的前馈神经网络，是深度学习的代表算法之一。CNN 架构简单来说就是：图片经过各两次卷积(Convolution)、池化(Pooling)和全连接层(Fully Connected)。

卷积运算就是将原始图片与特定的特征检测器(Feature Detector Filter)做卷积运算。通常在卷积层与 CNN 层之间添加池化层。池化的功能是不断降低维数，以减少网络中的参数和计算次数，从而缩短训练时间并控制过度拟合。全连接层就是将之前的结果平坦化之后接到最基本的神经网络。

3) 特征定位

在人脸检测给出的矩形框内进一步找到眼睛中心、鼻尖和嘴角等关键特征点，以便进行后续的操作。

4) 特征提取

人脸特征提取就是提取可以区分不同人的特征。人脸的局部特征可以提取较为精细的特征，其提取方法包括基于知识的表征方法和基于代数特征或统计学习的表征方法。

基于知识的表征方法主要包括几何特征法和模板匹配法。基于知识的表征方法的核心思想是获取人脸的局部包括眼睛、鼻子、嘴、下巴等之间的距离及形状描述特性，作为人脸分类的特征数据，其特征分量通常包括特征点间的欧氏距离、曲率和角度等。

基于代数特征的表征方法的核心思想是：将人脸在空域内的高维特征进一步编码到某个维度更低或者具有更好判别能力的新空间，实现方法包括特征汇聚和特征变换。特征汇聚的典型方法包括视觉词袋模型、Fisher 向量和局部聚合向量方法。特征变换的典型方法包括成分分析、线性判别分析、核方法、流形学习等。

5) 特征比对

特征比对是指对提取的人脸特征值数据与数据库中存储的特征模板进行搜索与匹配。

6) 识别

识别采用的是阈值法，即事先设定一个阈值，将相似程度与这一阈值进行比较，若相似程度超过设定的阈值则认为是同一人，否则为不同人。

2. 可视对讲和访客管理

访客可以通过可视对讲系统输入到访业主的门牌号码，此时相应的业主会自动开启可视化会话。业主可以通过对讲系统的屏幕看到来访者，并可以通过对讲系统与来访者进行通话。业主在确认访客身份后可以远程开启小区门禁，小区门禁会自动记录访客面貌。待访客来到单元门口时，单元门通过人脸识别系统能够识别访客的面貌然后自动开启。此外，通过小区摄像头、各单元门的可视对讲机系统可以对访客的行动轨迹及行为进行跟踪，如果出现异常路线则会提醒小区保安，如图 3-4 所示。

访客行为轨迹跟踪

访客的目的地

正门大门

访客的实际访问地

- 由于访客的实际访问地与目的地严重偏移。
- 智慧小区平台通过自动识别该访客存在可疑行为。
- 系统及时提醒保安进行核查并跟踪。

- - - - 访客的预期轨迹 ———— 访客的实际轨迹

图 3-4 基于视频流数据建立地图进行访客行为轨迹的实时监控

3. 视频安防

视频安防系统主要由监控前端、管理中心、监控中心、PC 客户端等设备组成，在小区的各个出入口、主干道、主要的公共设施活动区域以及居民聚集点、停车场等地方，可根据需要选择显示模式及控制摄像机的镜头角度，调整显示画面的视频与音频效果，保证小区各个区域均在监视范围之内。视频安防系统可以二十四小时无死角地对小区进行监控，形成完善的监控网络，使得管理人员在监控室就可以对小区的各地方实施有效的监控，保证居民的安全。

4. 车辆管理

车牌识别管理系统采用了车牌识别技术，实现不停车、免取卡，有效提高车辆出入通行的效率，实现车辆的自动管理。车牌识别设备安装于车库出入口，如图 3-5 所示。车牌识别管理系统首先采集有权限进入小区的车辆车牌，然后系统会自动识别经过车辆的牌照并查询内部数据库，对于需要自动放行的车辆系统驱动电子门或栏杆机让其通过；对于其他车辆，系统会给出警示，由值勤人员处理。同时记录车辆的牌照号码、出入时间，实现自动计时收费。

图 3-5 车牌识别设备

车牌自动识别是一项利用车辆的动态视频或静态图像进行牌照号码、牌照颜色自动识别的模式识别技术。车牌识别系统的流程如图3-6所示。

图3-6 车牌识别系统的流程

步骤一 车辆检测：进行视频车辆检测的系统，需要具备很高的处理速度并采用优秀的算法，在基本不丢帧的情况下实现图像的采集、处理。

步骤二 牌照定位：定位图片中的牌照位置。首先对采集到的视频图像进行大范围搜索，找到符合汽车牌照特征的若干区域作为候选区域，然后对这些候选区域做进一步分析、评判，最后选定一个最佳的区域作为牌照区域，并将其从图像中分离出来。

车牌定位的方法多种多样，主要有利用梯度信息投影统计、利用小波变换作分割、车牌区域扫描连线算法、利用区域特性训练分类器的方法等。

步骤三 牌照字符分割：把牌照中的字符分割出来。现有的图像分割方法主要有投影分割方法、基于聚类分析的分割方法、基于模板匹配的分割方法等。

投影分割方法的原理是首先将车牌图像转换为二值图像(设白色为1，黑色为0)，然后将车牌像素灰度值在垂直方向累加，即所谓的垂直投影。

基于聚类分析的分割方法的原理是按照属于同一个字符的像素构成一个连通域的原则，再结合牌照字符的高度、间距的固定比例关系等先验知识，来分割车牌图像中的字符。

基于模板匹配的分割方法是另外一种形式的水平投影法，只是比水平投影法设计的程序更加周密，边界划分得更加精确。

步骤四 牌照字符识别：把分割好的字符进行识别，最终组成牌照号码。车牌字符识别中的算法主要包括模板匹配算法和基于人工神经网络的识别算法。

模板匹配算法是图像识别方法中最有代表性也是最基本的算法，其原理是从预处理的图像中提取若干特征量，再搜索模板对应的特征量，找出相似程度最高的互相关量。其过程是首先将分割后的字符二值化并将其尺寸大小缩放为字符数据库中模板的大小，然后与所有的模板进行匹配，选择最佳匹配作为结果。

基于人工神经网络的识别算法主要有两种方法：一种方法是对需要识别的图像进行特征提取，然后用所获得的特征来训练神经网络分类器；另一种方法是直接把待识别的图像输入网络，由网络自己主动实现特征提取直至识别。

5. 智能家居

智能家居基于物联网技术，以住宅为平台，由硬件、软件、云平台构成家居生态圈。智能家居可以实现远程设备控制、人机交互、设备互联互通、用户行为分析和用户画像等，为用户提供个性化生活服务，使家居生活更便捷、舒适和安全。

目前在国内，小米打造的智能家居生态链在经历了几年的积累后，已经形成了一套自研、自产、自销的完整体系，接入生态链的硬件已经高达6000万台。另外，以美的、海尔、格力为代表的传统家电企业依托本身庞大的产品线及市场占有率，也在积极向智能家居转型，推进自己的智能战略。

典型的智能家居系统如图3-7所示。

图 3-7　智能家居系统

(1) 遥控和手机控制。遥控器可以控制家中的电器设备，比如灯具、热水器、电动窗帘、饮水机、空调、电视、DVD、音响等。同时，通过遥控器的显示屏可以查看各个房间电器的状态。

(2) 电话控制。电话远程控制，是指高加密(电话识别)、多功能的语音电话远程控制。用户通过手机或者固定电话可以控制家中的灯光、空调等电器的开关及工作模式；可以获知家中电路是否正常，调节控制室内空气质量及空气湿度等；可以自动给花草浇水、进行宠物喂食等；也可控制卧室的柜橱(对衣物、鞋子、被褥等杀菌、晾晒等)。

(3) 定时控制。用户可以提前设定某些产品的自动开启、关闭时间。比如，电热水器每天 20:30 自动开启，23:30 自动断电，保证用户在享受热水洗浴的同时，也为用户带来舒适和时尚的体验。

(4) 集中控制。用户可以同时打开客厅、餐厅和厨房的灯，也可以同时打开厨房、客厅等的电器设备。尤其是夜晚，用户可以在卧室控制客厅和卫生间的灯具，既方便又安全，还可以查询各电器的工作状态。

(5) 场景控制。根据不同情境的需求，用户只要触动模式按键，数种灯具、电器按照模式类别自动执行，使人们可以感受和领略到科技时尚生活的完美、简捷和高效。

(6) 网络控制。只要在网络覆盖的地方，都可以通过 Internet 进入家中的网络控制程序，在网络世界中通过一个固定的智能家居控制界面来控制家中的电器。Internet 提供了一个免费动态域名，用于远程网络控制和电器工作状态信息查询。例如，当家中无人时，用户可以利用外地网络计算机，登录相关的 IP 地址，就可以控制远在千里之外自家的灯光、电器。

(7) 监控功能。无论在何时，用户都可以直接通过局域网络或宽带网络，使用浏览器(如 IE)进行远程影像监控、语音通话。另外，智能家居系统还支持远程 PC 机以及本地 SD 卡存储、移动侦测邮件传输、FTP 传输等。

(8) 报警功能。当有警情发生时，系统可以自动拨打电话，并联动相关电器做报警处理。

(9) 共享功能。共享是指视频共享和音乐共享。通过家庭影音控制系统，在程序指令的精确控制下，能够把机顶盒、卫星接收机、DVD、电脑、影音服务器、高清播放器等多路信号源，根据用户的需要，发送到每一个房间的电视机、音响等终端设备上，实现一机共享多种视听设备。

(10) 娱乐系统。娱乐系统是将书房电脑作为家庭娱乐的播放中心，客厅或主卧电视机上播放和显示的内容来源于互联网上海量的音乐资源、影视资源、电视资源、游戏资源、信息资源等。

(11) 布线系统。通过一个总管理箱将弱电的各种线(电话线、音响线等)统一规划在一个有序的状态下，以统一管理居室内的电话、影碟机、安防监控设备及其他家电，使之功能更强大、使用更方便、维护更容易以及更易扩展新用途等。实现电话分机、局域网组建、有线电视共享等。

(12) 指纹锁。在单位或外地，用户可以用手机或电话将房门打开，或是电话"查询"家中数码指纹锁的"开，关"状态。

(13) 空气调节。通过设备可定时更换经过过滤的新鲜空气(将外面的空气经过过滤放进来，同时将屋内的浊气排出)。

(14) 智能安防。通过人脸识别技术进行防盗、防劫报警；通过可联网传感设备检测火情、燃气泄漏等危险状况并进行紧急救助。各种设备通过局域网络或宽带网络互联，并把险情传输到手机终端或直接报警，保证财产和生命安全等。

3.2.3　技术体验 1：人脸识别

人脸识别技术被广泛应用于金融、安防、交通、教育等相关领域，主要应用场景包括企业、住宅的安全管理，公安、司法和刑侦的安全系统，自助服务、刷脸支付、刷脸进站等。

本小节体验支付宝刷脸登录和百度 AI 人脸识别的过程，具体的体验步骤如下所示。

1. 支付宝刷脸登录

步骤一　点击登录自己的支付宝账号，进入支付宝主页面，点击支付宝首页中右下角"我的"，如图 3-8 所示。

技术体验 1：人脸识别

图 3-8　支付宝主页面

步骤二　进入设置页面，点击"生物识别"选项。如图 3-9 所示。

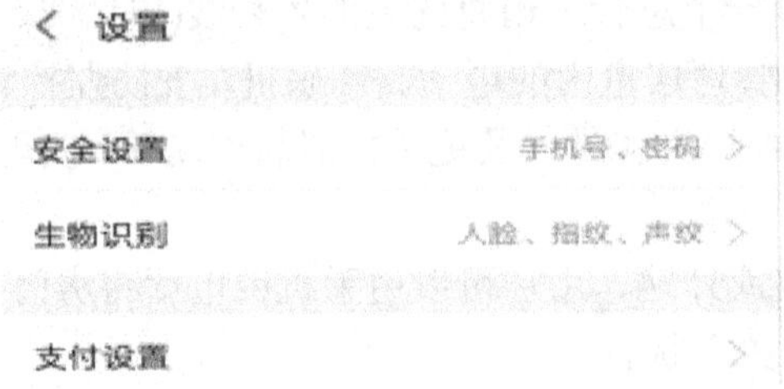

〈　设置

安全设置　　　　　　　　　　手机号、密码　〉

生物识别　　　　　　　　　人脸、指纹、声纹　〉

支付设置　　　　　　　　　　　　　　　　　〉

图 3-9　设置页面

步骤三　在页面弹出的各种功能项中点击"刷脸设置"，如图 3-10 所示。

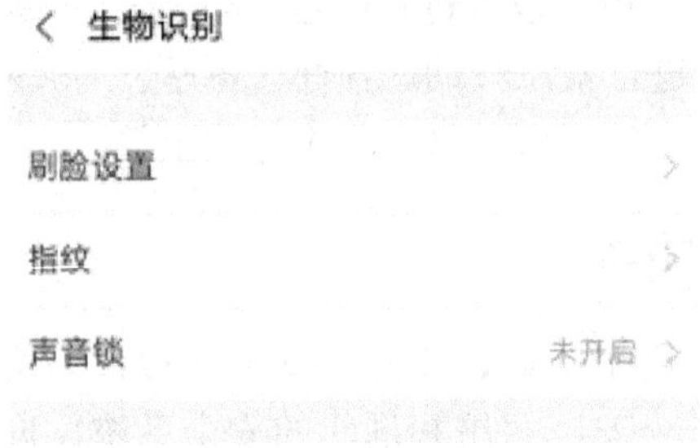

〈　生物识别

刷脸设置　　　　　　　　　　　　　　　　　〉

指纹　　　　　　　　　　　　　　　　　　　〉

声音锁　　　　　　　　　　　　　　未开启　〉

图 3-10　生物识别页面

步骤四　进入后，开启"刷脸登录"，如图 3-11 所示。

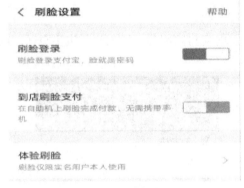

图 3-11　刷脸设置

步骤五　按照要求，进行脸部动作，如图 3-12 所示。

图 3-12　人脸信息录入

步骤六 完成人脸信息录入。再重新登录支付宝时，就会出现刷脸登录选项，如图3-13所示。

图 3-13 登录界面

步骤七 按照要求进行脸部动作，就可以成功登录了。设置支付宝刷脸登录，相比密码输入登录，方便快捷。

2. 百度 AI 人脸识别

步骤一 在微信中搜索"百度 AI 体验中心"小程序并打开，如图3-14所示。

步骤二 点击"人脸与人体识别"，进入主页面，如图3-15所示。

图 3-14 "百度 AI 体验中心"主页面   图 3-15 "人脸与人体识别"主页面

步骤三 点击"人脸检测"，进入页面，上传人脸图片进行识别，结果如图3-16所示。

步骤四 点击"人脸对比"，进入页面，上传图一与图二进行对比，结果如图3-17所示。

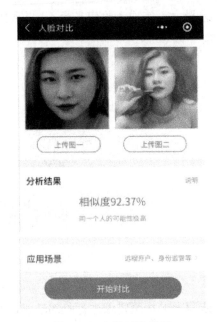

图 3-16　人脸检测结果　　　　　　　　图 3-17　人脸对比结果

步骤五　点击"情绪识别"，进入页面，上传人脸图片进行识别，结果如图 3-18 所示。

图 3-18　情绪识别结果

3. 百度 AI 开放平台

打开百度网址，输入"百度 AI 开放平台"进行搜索，然后打开百度 AI 开放平台的网址。

(1) 成为开发者。在文档中心点击新手指南，查看接入指南，按照指南中的操作步骤完成账号的基本注册与认证，成为开发者。

(2) 创建应用。账号登录成功之后，可以创建应用。

① 点击创建应用，选择功能接口，如图 3-19 所示。

图 3-19　创建应用

② 应用创建完毕，将获得 AppID、API Key、Secret Key，如图 3-20 所示。

应用名称	AppID	API Key	Secret Key	创建时间	操作
1　TEST	16508094	nGFfhpwYdoPNM3I33bQecgSX	******* 显示	2019-06-13 15:41:56	报表 管理 删除

图 3-20　应用创建完成

③ 生成签名。使用创建应用所分配的 AppID、API Key 及 Secret Key，进行 Access Token(用户身份验证和授权凭证)的生成。

方法：向授权服务地址 https://aip.baidubce.com/oauth/2.0/token 发送请求。详细步骤参考百度 AI 开放平台中文档资料中的 Access Token 获取。

以人脸识别的 Java HTTP SDK 为例，进行技术体验。

步骤一　在百度 AI 开放平台的官网，点击开发资源中的 SDK 下载，选择人脸识别的 Java HTTP SDK，进行下载，如图 3-21 所示。

图 3-21　人脸识别 SDK

步骤二　在 Eclipse 里，新建一个 faceTest 工程，同时将下载的 SDK 解压内容复制到

faceTest 工程目录下。

步骤三　　添加 SDK 工具包 aip-java-sdk-4.11.1.jar(版本号以实际下载的为准)和第三方依赖工具包 json-20160810.jar、slf4j-api-1.7.25.jar、slf4j-simple-1.7.25.jar(可选)，即在 Eclipse 单击右键，依次选择"工程 faceTest → Properties→ Java Build Path → Add JARs"，如图 3-22 所示。

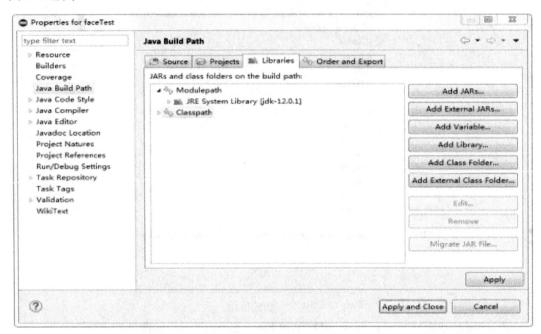

图 3-22　添加 JAR 包

步骤四　　新建 FaceSample 类，编写代码，设置上述创建应用成功之后获得的 AppID、API Key、Secret Key，调用人脸检测接口，实现人脸检测功能，如图 3-23 所示。

```java
15 public class FaceSample {
16     //设置APPID/AK/SK
17     public static final String APP_ID = "16954068";
18     public static final String API_KEY = "kR5gjCqnycQNNZnivfGnQ4nc";
19     public static final String SECRET_KEY = "uhHK4E82mHiw7OumXtS8NKmhkYBzoZ2U";
20     public static void main(String[] args) throws IOException {
21         // 初始化一个AipFace
22         AipFace client = new AipFace(APP_ID, API_KEY, SECRET_KEY);
23         // 可选：设置网络连接参数
24         client.setConnectionTimeoutInMillis(2000);
25         client.setSocketTimeoutInMillis(60000);
26     //    // 可选：设置代理服务器地址，http和socket二选一，或者均不设置
27     //    client.setHttpProxy("proxy_host", proxy_port);  // 设置http代理
28     //    client.setSocketProxy("proxy_host", proxy_port);  // 设置socket代理
29         // 传入可选参数调用接口
30         HashMap<String, String> options = new HashMap<String, String>();
31         options.put("face_field", "age");
32         options.put("max_face_num", "1");
33         options.put("face_type", "LIVE");
34         options.put("liveness_control", "LOW");
35         byte[] bytes1=FileUtil.readFileByBytes("1.jpg");
36         String image = Base64Util.encode(bytes1);
37         String imageType = "BASE64";
38         // 人脸检测
39         JSONObject res = client.detect(image, imageType, options);
40         System.out.println(res.toString(2));
41     }
```

图 3-23　人脸检测接口

步骤五 运行程序，输出结果如图 3-24 所示。

```
"timestamp": 1568112485,
"result": {
  "face_list": [{
    "face_probability": 1,
    "location": {
      "height": 95,
      "rotation": 5,
      "width": 96,
      "left": 196.16,
      "top": 91.9
    },
    "age": 48,
    "face_token": "e65f9e2ad58c86f108e2f0e4a0b4dbb1",
    "angle": {
      "yaw": -8.12,
      "roll": 1.43,
      "pitch": 7.2
    },
    "liveness": {"livemapscore": 0.1}
  }],
  "face_num": 1
},
"cached": 0,
"error_code": 0,
"log_id": 744193281124852761,
```

图 3-24 运行结果

步骤六 调用人脸对比接口，编写代码，实现人脸对比功能，如图 3-25 所示。

```java
15 public class FaceSample {
16     //设置APPID/AK/SK
17     public static final String APP_ID = "16954068";
18     public static final String API_KEY = "kR5gjCqnycQNNZnivfGnQ4nc";
19     public static final String SECRET_KEY = "uhHK4E82mHiw7OumXtS8NKmhkYBzoZ2U";
20     public static void main(String[] args) throws IOException {
21         // 初始化一个AipFace
22         AipFace client = new AipFace(APP_ID, API_KEY, SECRET_KEY);
23         // 可选：设置网络连接参数
24         client.setConnectionTimeoutInMillis(2000);
25         client.setSocketTimeoutInMillis(60000);
26     byte[] bytes1=FileUtil.readFileByBytes("1.jpg");
27     byte[] bytes2=FileUtil.readFileByBytes("2.jpg");
28     String image1 = Base64Util.encode(bytes1);
29     String image2 = Base64Util.encode(bytes2);
30     // 调用接口
31 MatchRequest req1 = new MatchRequest(image1, "BASE64");
32 MatchRequest req2 = new MatchRequest(image2, "BASE64");
33 ArrayList<MatchRequest> requests = new ArrayList<MatchRequest>();
34 requests.add(req1);
35 requests.add(req2);
36
37 JSONObject res = client.match(requests);
38 System.out.println(res.toString(2));
39     }
40 }
```

图 3-25 人脸对比接口

步骤七　运行程序，结果如图 3-26 所示。

```
{
  "timestamp": 1568112908,
  "result": {
    "face_list": [
      {"face_token": "e65f9e2ad58c86f108e2f0e4a0b4dbb1"},
      {"face_token": "161803e06f3f3ff7f3bf6f21bdb67da5"}
    ],
    "score": 93.08395386
  },
  "cached": 0,
  "error_code": 0,
  "log_id": 747956981129081941,
  "error_msg": "SUCCESS"
}
```

图 3-26　运行结果

3.2.4　技术体验 2：图像识别

技术体验 2：图像识别

1. 百度 AI 体验中心

以百度 AI 体验中心为例，体验图像识别技术。

步骤一　在微信中搜索"百度 AI 体验中心"小程序并打开，如图 3-27 所示。

步骤二　点击"图像主体检测"，进入主页面，上传图片进行检测，结果如图 3-28 所示。

图 3-27　"百度 AI 体验中心"主页面　　　　图 3-28　图像主体检测

步骤三　点击"植物识别"，进入主页面，上传植物图片，进行识别，结果如图 3-29 所示。

步骤四 点击"动物识别",进入主页面,上传动物图片,进行识别,结果如图3-30所示。

图 3-29 植物识别

图 3-30 动物识别

步骤五 点击"菜品识别",进入主页面,上传菜品图片,进行识别,结果如图3-31所示。

步骤六 点击"车型识别",进入主页面,上传车型图片,进行识别,结果如图3-32所示。

图 3-31 菜品识别

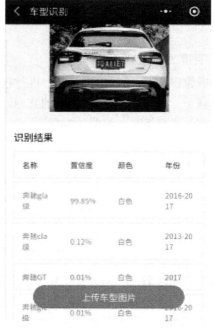

图 3-32 车型识别

步骤七 点击"地标识别",进入主页面,上传地标图片,进行识别,结果如图 3-33 所示。

图 3-33 地标识别

2. 百度 AI 开放平台

以图像识别的 Java SDK 为例,进行技术体验。

步骤一 在百度 AI 开放平台的官网,点击开发资源中的 SDK 下载,选择图像识别的 Java SDK,进行下载,如图 3-34 所示。

图 3-34 图像识别的 Java SDK

步骤二和步骤三 同人脸识别的步骤二和步骤三。

步骤四 新建 ImageSample 类,编写代码,设置创建应用成功之后获得的 AppID、API Key、Secret Key,调用图像主体检测接口,实现图像主体检测功能,如图 3-35 所示。

```
12 public class ImageSample {
13     //设置APPID/AK/SK
14     public static final String APP_ID = "16955877";
15     public static final String API_KEY = "7o7VigYXmyeKQuCaCTXciAvF";
16     public static final String SECRET_KEY = "hCz9MtWHQjSvc4fd2Fl3EsefBBOHFKNG";
17     public static void main(String[] args) throws IOException {
18         // 初始化一个AipImageClassify
19         AipImageClassify client = new AipImageClassify(APP_ID, API_KEY, SECRET_KEY);
20         // 可选：设置网络连接参数
21         client.setConnectionTimeoutInMillis(2000);
22         client.setSocketTimeoutInMillis(60000);
23
24 //        // 可选：设置代理服务器地址，http和socket二选一，或者均不设置
25 //        client.setHttpProxy("proxy_host", proxy_port);  // 设置http代理
26 //        client.setSocketProxy("proxy_host", proxy_port);  // 设置socket代理
27         // 传入可选参数调用接口
28         // 调用接口
29         String path = "1.jpg";
30         JSONObject res = client.objectDetect(path, new HashMap<String, String>());
31         System.out.println(res.toString(2));
32     }
```

图 3-35　图像主体检测接口

步骤五　运行程序，输出结果如图 3-36 所示。

```
{
    "result": {
        "height": 3512,
        "width": 2956,
        "left": 19,
        "top": 455
    },
    "log_id": 4109503191907609898
```

图 3-36　运行结果

步骤六　调用通用物体和场景识别接口，编写代码，实现图像识别功能，如图 3-37 所示。

```
12 public class ImageSample {
13     //设置APPID/AK/SK
14     public static final String APP_ID = "16955877";
15     public static final String API_KEY = "7o7VigYXmyeKQuCaCTXciAvF";
16     public static final String SECRET_KEY = "hCz9MtWHQjSvc4fd2Fl3EsefBBOHFKNG";
17     public static void main(String[] args) throws IOException {
18         // 初始化一个AipImageClassify
19         AipImageClassify client = new AipImageClassify(APP_ID, API_KEY, SECRET_KEY);
20         // 可选：设置网络连接参数
21         client.setConnectionTimeoutInMillis(2000);
22         client.setSocketTimeoutInMillis(60000);
23 //        // 可选：设置代理服务器地址，http和socket二选一，或者均不设置
24 //        client.setHttpProxy("proxy_host", proxy_port);  // 设置http代理
25 //        client.setSocketProxy("proxy_host", proxy_port);  // 设置socket代理
26         // 传入可选参数调用接口
27         // 调用接口
28         HashMap<String, String> options = new HashMap<String, String>();
29         options.put("baike_num", "5");
30         // 参数为本地路径
31         String image = "1.jpg";
32         JSONObject res = client.advancedGeneral(image, options);
33         System.out.println(res.toString(2));
34         //参数为二进制数组
35         byte[] file = FileUtil.readFileByBytes("1.jpg");
36         res = client.advancedGeneral(file, options);
37         System.out.println(res.toString(2));
38     }
```

图 3-37　图像识别接口

步骤七　运行程序，结果如图 3-38 所示。

```
[main] INFO com.baidu.aip.client.BaseClient - get access_token success.
current state: STATE_AIP_AUTH_OK
{
  "result": [
  {
    "baike_info": {
      "baike_url": "http://baike.baidu.com/item/%E5%A9%B4%E5%84%BF/979",
      "image_url": "http://imgsrc.baidu.com/baike/pic/item/3b87e95035
                  2ac65ccafd2896f0f2b21192138a5f.jpg",
      "description": "婴儿是指小于1周岁的儿童。
                  婴儿在这个阶段生长发育得特别迅速，
                  是人一生中生长发育最旺盛的阶段，体重大约为9000~10000克。
                  婴儿足月出生时已具有较好的吸吮吞咽功能，颊部有坚厚的脂肪垫，
                  有助于吸吮活动，早产儿则较差。吸吮动作是复杂的天性反射，
                  严重疾病可影响这一反射，使吸吮变得弱而无力。"
    },
    "root": "人物-人物特写",
    "keyword": "婴儿",
    "score": 0.85094
```

图 3-38　运行结果

3.2.5　技术体验 3：视频分析

　　智能视频分析(Intelligent Video Analysis，IVA)技术是解决海量视频数据处理的有效途径。IVA 采用计算机视觉方式，主要应用于两个方面，一是基于特征的识别，主要用于车牌识别、人脸识别；二是行为分析技术，包括人数管控、个体追踪、禁区管控、异常行为分析等，可以应用到交通监测、周界防范、物品遗留丢失检测、人员密度检测等。通过对视频内的图像序列进行定位、

技术体验 3：视频分析

识别和追踪，智能视频分析能够做出有效的分析和判断，从而实现实时监控并上报异常。

　　可以通过百度 AI 开放平台进行视频分析技术体验，过程如下：

　　首先打开百度网址，然后输入"百度 AI 开放平台"进行搜索，最后打开百度 AI 开放平台的网址，点击视频技术，可以看到视频内容分析，点击该项，进入视频内容分析页面。

　　视频分析主要是分析视频的类别、视频的语音识别、视频 OCR、视频公共人物识别、视频细粒度识别、泛标签提取。在视频内容分析页面，可以通过播放一段视频获取视频中的内容。输出标签 TAG 和分析到的视频内容包括在具体时间段的语音、在具体时间段的文字、在具体时间内出现的人脸以及对该视频类型的描述。

　　以图像审核技术为例进行技术体验。

　　步骤一　在百度 AI 开放平台的官网，点击开发资源中的 SDK 下载，选择图像审核的 Java SDK，进行下载，如图 3-39 所示。

图 3-39　图像审核的 Java SDK

步骤二和步骤三　同 3.2.3 小节人脸识别中百度开放平台技术体验 1 的步骤二和步骤三。

步骤四　新建 contentCensorSample 类，编写代码，设置创建应用成功之后获得的 AppID、API Key、Secret Key，调用图像主体检测接口，实现图像审核功能，如图 3-40 所示。

```java
 8 public class ContentCensorSample {
 9     public static final String APP_ID = "17004536";
10     public static final String API_KEY = "xsSNhGMEHnZm7RYHDQWGH1G5";
11     public static final String SECRET_KEY = "ulatt1GZmrWdpsoPqUITtDZlcpkcR1aR";
12
13     public static void main(String[] args) throws IOException {
14         // 初始化一个AipContentCensor
15         AipContentCensor client = new AipContentCensor(APP_ID, API_KEY, SECRET_KEY);
16         // 可选：设置网络连接参数
17         client.setConnectionTimeoutInMillis(2000);
18         client.setSocketTimeoutInMillis(60000);
19 //      // 可选：设置代理服务器地址， http和socket二选一，或者均不设置
20 //      client.setHttpProxy("proxy_host", proxy_port);  // 设置http代理
21 //      client.setSocketProxy("proxy_host", proxy_port);  // 设置socket代理
22         // 调用接口
23         // 参数为本地图片路径
24         byte[] file=FileUtil.readFileByBytes("1.jpg");
25         JSONObject response = client.imageCensorUserDefined(file, null);;
26         System.out.println(response.toString());
27     }
28 }
```

图 3-40　图像审核接口代码

步骤五　运行代码，结果如图 3-41 所示。

```
[main] INFO com.baidu.aip.client.BaseClient - get access_token success. current state:
STATE_AIP_AUTH_OK
{"data":[{"subType":0,"probability":0.9770121,"conclusion":"不合规",
"type":2,"conclusionType":2,"msg":"存在警察部队不合规"},
{"stars":[{"name":"习近平","probability":0.99708724975586}],
"subType":0,"conclusion":"不合规","type":5,"
conclusionType":2,"msg":"存在政治敏感不合规"}],
"conclusion":"不合规",
"conclusionType":2,"log_id":15681653950397041}
```

图 3-41　运行结果

3.2.6　知识拓展

1. 虹膜识别

虹膜识别技术是人体生物识别技术的一种。虹膜是位于黑色瞳孔和白色巩膜之间的圆环状部分，包含有很多相互交错的斑点、细丝、冠状、条纹、隐窝等细节特征。而且虹膜在胎儿发育阶段形成后，在整个生命历程中是保持不变的，这些特征决定了虹膜特征的唯一性，同时也决定了身份识别的唯一性。因此，可以将眼睛的虹膜特征作为每个人的身份识别对象。虹膜识别是利用眼睛虹膜区域的随机纹理特性来区分人们身份的技术。虹膜识别技术的过程与人脸识别类似，一般来说包含以下步骤：虹膜图像获取、图像检测并分割、

必要的图像预处理、特征提取及比对。

2. 三维人脸识别

三维人脸识别采用 3D 结构光技术,通过 3D 结构光内的数万个光线点对人脸进行扫描,从而提供更为精确的面部信息,而这类面部信息并不会受到化妆品比如口红、粉底等的影响。

3D 人脸识别相比目前广泛应用的 2D 技术,能够提供更为精确的面部数据,最终让数据更加安全可靠。

首先,3D 采用的是主动光方案,能够减少环境光变化对人脸检测和人脸识别造成的影响,从而能够进一步提高人脸识别的准确率。其次,3D 传感摄像头内置的点阵投影仪可投射出 3 万多个肉眼不可见的红外点到用户的脸部,相比 2D 能够获取到人脸的深度信息,获取的数据比较丰富,可以抵抗来自照片、视频的攻击,从而提高人脸识别的安全性。因此 3D 人脸识别场景适应性更强、安全性更高、识别率更高。

目前三维人脸识别算法有如下几种:

(1) 基于图像特征的方法。采取从 3D 结构中分离出姿态的算法,首先匹配人脸整体的尺寸轮廓和三维空间方向,然后在保持姿态固定的情况下进行人脸不同特征点的局部匹配。

(2) 基于模型可变参数的方法。将通用人脸模型的 3D 图形和基于距离映射的矩阵迭代相结合,恢复头部姿态和 3D 人脸。随着模型形变的关联关系的改变不断更新姿态参数,重复此过程直到最小化尺度达到要求。基于模型可变参数的方法与基于图像特征的方法的最大区别在于:后者在人脸姿态每变化一次后,需要重新搜索特征点的坐标,而前者只需调整 3D 变形模型的参数。

(3) 基于深度学习的算法。利用 3D 结构光设备采集景的彩色、红外、深度图片,获取 3D 人脸训练数据。目前,受制于 3D 训练数据、成本、时间等问题,深度 3D 人脸识别算法还处在起步阶段。

3. 视频分析

视频分析技术来源于计算机视觉,其实质是自动分析和抽取视频源中的关键信息。视频分析方法主要有两类:背景减除方法和时间差分方法。

背景减除方法是利用当前图像和背景图像的差分(SAD)来检测出运动区域的一种方法。该方法能够提供比较完整的运动目标特征数据,精确度和灵敏度比较高,具有良好的性能表现。其技术关键是背景的建模,建模方法是在系统设置日期时,通过设置系统自适应学习时间来建模。首先系统进行背景学习,建立背景模型;其次系统进入"分析"状态,如果前景出现移动物体,并在设置的范围区域内且目标物体大小满足设置,系统将会把该目标进行提取并跟踪,并根据预先的算法(入侵、遗留、盗窃等)触发报警。对于背景中出现的雨、雪、云、树木等,系统利用预处理功能,过滤掉动态背景。在触发报警之前,系统将提取的目标与已经建立的模型进行比对,并选择最佳的匹配。

时间差分方法是利用视频图像特征,从连续得到的视频流中提取所需的动态目标信息。其实质就是利用相邻帧图像相减来提取前景目标中移动的信息。此方法不能完全提取所有相关特征像素点,在运动实体内部可能产生空洞,只能检测出目标的边缘。

3.2.7　我有话要说：智能垃圾分类

人民网 2019 年 6 月 3 日报道：中共中央总书记、国家主席、中央军委主席习近平近日对垃圾分类工作作出重要指示。习近平强调，实行垃圾分类，关系广大人民群众生活环境，关系节约使用资源，也是社会文明水平的一个重要体现。习近平十分关心垃圾分类工作。2016 年 12 月，他主持召开中央财经领导小组会议研究普遍推行垃圾分类制度，强调要加快建立分类投放、分类收集、分类运输、分类处理的垃圾处理系统，形成以法治为基础、政府推动、全民参与、城乡统筹、因地制宜的垃圾分类制度，努力提高垃圾分类制度覆盖范围。习近平还多次实地了解基层开展垃圾分类工作情况，并对这项工作提出明确要求。

"金山银山不如绿水青山"，党的十九大指出要实现中华民族永续发展必须坚持节约资源和保护环境的基本国策。

你知道智能垃圾桶是如何进行垃圾分类的吗？

3.3　应用实例 2：智能翻译机

语言是人们之间交流的工具，是人类发现世界、探索世界的重要手段，其重要性不言而喻。人类语言复杂多样，不同语言之间无法直接沟通，需要翻译转换，由此便产生了语言翻译需求并逐步发展成为语言翻译服务产业。随着人们对更便捷、高效的语言转换能力的追求，人工智能翻译应运而生，并伴随着新技术的发展，逐步走进人们的生活。

3.3.1　案例分析

随着世界经济一体化的深化，不同语言的人们之间的交流更加频繁，语言翻译市场的前景更加广阔。语音和文字识别、语音服务等语言技术产品已经成为人们日常生活、工作中重要的辅助工具。智能翻译是指在语言服务领域，将人工智能与翻译相结合，运用人工智能的方法和手段，通过计算机途径而非人工的手段，将一种自然语言转换成另外一种目标自然语言。

智能翻译有快速、效率高且不受时间、地点的约束，可随时随地不间断地翻译、永不疲倦等优点。该技术融合了语言学、计算机科学、统计学、脑神经学等多门学科知识，实现智能翻译机的功能，离不开语音识别、语音合成及文本处理的知识。

3.3.2　相关知识

随着语音识别准确率的不断提高，基于智能语音技术的智能硬件纷至沓来，除了智能音箱受到众人追捧外，智能翻译机也悄然，并入这条快车道。智能翻译机有针对性较强的应用场景，比如商务会议、出国旅行等。由此带来的是对深度学习算法更高的要求。

智能翻译机的技术基础说到底还是智能语音技术，这一点与智能音箱极为相似。其中，神经网络翻译系统尤为关键，各大厂商纷纷针对这一系统进行研究开发，例如谷歌的

GNMT、科大讯飞的 INMT、搜狗的 SNMT 等。常见的智能翻译机工作流程如图 3-42 所示。

图 3-42　智能翻译机工作流程

1. 语音识别

语音识别是指将语音自动转换为文字的过程。语音经过采样以后，在计算机中以波形文件的方式进行存储，这种波形文件反映了语音在时域上的变化。语音识别系统的框架如图 3-43 所示。

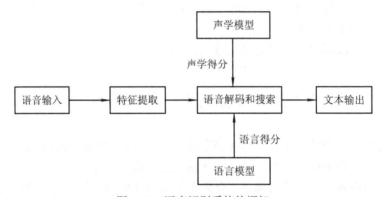

图 3-43　语音识别系统的框架

（1）语音识别的特征提取。语音特征主要包括声强、响度、音高、基音周期和频率、信噪比、谐噪比、频率微扰、振幅微扰、规范化噪声能量等。

特征参数提取的目的是对语音信号进行分析处理，滤除与语音识别无关的冗余信息，提取出与语音识别最相关的信息，同时对语音信号进行压缩。

常用的特征提取方法有如下几种：

① 线性预测系数(Linear Prediction Coefficients，LPC)。LPC 是通过分析语音波形来产生声道激励和转移函数的参数，通过对声音波形进行编码，减少声音的数量。

② 感知线性预测(Perceptual Linear Predictive，PLP)。PLP 是计算 LPC 的参数。通过计算机的频谱分析，将输入语音信号经过人耳听觉模型处理，替代 LPC 所用的时域信号，有利于抗噪语音特征的提取。

③ 梅尔频率倒谱系数(Mel Frequency Cepstrum Coefficient，MFCC)。根据人耳听觉特性可计算梅尔频率倒谱系数。

④ Tandem 特征和 Bottleneck 特征。

Tandem 特征是神经网络输出层节点所对应类别的后验概率向量经过降维，并与基础特征(MFCC、PLP 等)拼接得到的。

Bottleneck 特征是利用一种特殊结构的神经网络提取的。其特殊性在于，神经网络的一个隐含层节点数目比其他隐含层小的多，所以被形象地称为 Bottleneck(瓶颈)层，输出的特征就是 Bottleneck 特征。

⑤ 基于滤波器组的 Fbank 特征(Filter bank)。亦称 MFSC，Fbank 特征的提取方法相当于 MFCC 去掉最后一步的离散余弦变换，与 MFCC 特征相比，Fbank 特征保留了更多的原始语音数据。

⑥ 线性预测倒谱系数(Linear Predictive Cepstrum Coefficient，LPCC)。

基于语音信号为自回归信号的假设，利用线性预测分析获得倒谱系数。

(2) 语音识别的声学模型。声学模型是对声学、语音学、环境变量、说话人性别、口音等差异的知识表示。声学模型通常是在将获取的语音特征使用训练算法进行训练后产生的。语音中存在协同发音的现象，即音素是上下文相关的，故目前一般采用三音素进行声学建模。在识别时将输入的语音特征同声学模型进行匹配与比较，得到最佳的识别结果。

目前的主流系统多采用隐马尔科夫模型进行建模。隐马尔可夫模型的概念是一个离散时域有限状态自动机，隐马尔科夫模型是指这一马尔科夫模型的内部状态外界不可见，外界只能看到各个时刻的输出值。

(3) 语音识别的语言模型。语言模型包括由识别语音命令构成的语法网络或由统计方法构成的语言模型，可以进行语法、语义分析。在语音识别系统中，语言模型所起的作用是在解码过程中从语言层面上限制搜索路径。语言模型对中、大词汇量的语音识别系统特别重要。当分类发生错误时可以根据语言学模型、语法结构、语义学进行判断纠正，特别是一些同音字则必须通过上下文结构才能确定词义。

常用的语言模型有 N 元文法语言模型和循环神经网络语言模型。

N 元文法语言模型基于这样一种假设，第 n 个词的出现只与前面 n−1 个词相关，而与其他任何词都不相关，整句的概率就是各个词出现概率的乘积，这些概率可以通过直接从预料中统计 N 个词同时出现的次数得到。

循环神经网络语言模型性能优于 N 元文法语言模型，但是其训练时间较长，解码时识别速率较慢。

(4) 语音识别的解码和搜索。解码搜索的主要任务是在由声学模型、发音词典和语言模型构成的搜索空间中寻找最佳路径。连续语音识别中的搜索，就是寻找一个词模型序列以描述输入语音信号，从而得到词解码序列。搜索所依据的是声学模型打分和语言模型打分。在实际使用中，往往要依据经验给语言模型加上一个高权重，并设置一个长词惩罚分数。

2. 文本处理

文本处理模块是语音合成系统的前端，主要功能是将输入文本转化为发音的符号化描述，发什么音，如何发音。

对于汉语语音合成系统，文本处理流程通常包括文本预处理、文本正则化、文本分词、词性标注、字音转换等，如图 3-44 所示。

图 3-44　文本处理流程

文本预处理的主要任务是对输入文本进行格式上的统一和规范，对一些非标准字符进行处理，比如全角半角的转换、宽字符的处理等，同时也负责把输入文本按照句子的格式进行初步切分。在这个过程中，要查找拼写错误，并将文本中出现的一些不规范或无效的字符过滤掉。

对于汉语，文本正则化是把非汉字字符串转化为汉字字串以确定其读音的过程，分析输入文本，把其中的数字、符号等字符转化为规范的文本，并给出相应节奏和轻重读等韵律信息。

文本分词是将待合成的整句以词为单位划分为单元序列，以便后续考虑词性标注、韵律边界标注等。

词性标注即在给定的句子中判定每个词最合适的词性标记。词性标注的正确与否将会直接影响到后续的句法、语义的分析。常用的词性标注模型有 N 元模型、隐马尔可夫模型、最大熵模型、基于决策树的模型等。

字音转换关键是处理多音字的消歧，其任务是将待合成的文字序列转换为对应的拼音序列，即告诉后端合成器应该读什么音。

3. 机器翻译

机器翻译的过程如图 3-45 所示，以常用的循环神经网络为例。例如句子"Population growth has been slow in recent years"，翻译流程如下所示。

(1) 首先第一个词"Population"作为循环神经网络的输入，此时产生第一个隐含状态 h_1，h_1 包含了该词的信息。

(2) 然后第二个词"growth"作为循环神经网络的输入，并和 h_1 进行融合，此时产生第二个隐含状态 h_2，h_2 包含了前两个词"Population growth"的信息。

(3) 以此类推，将例句中所有的词输入神经网络，每输入一个词都会同前一时刻的隐含状态进行融合，产生一个包含当前词信息和前面所有词信息的新的隐含状态。

当把整个句子所有的词输入进去之后，最后的隐含状态理论上包含了所有词的信息，便可以作为整个句子的语义向量表示，该语义向量称为源语言句子的上下文向量。

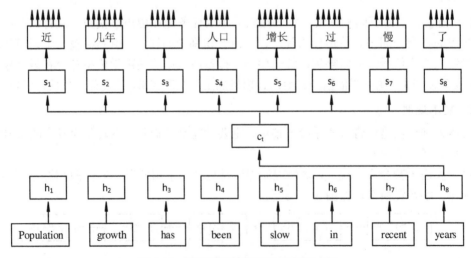

图 3-45　基于循环神经网络的翻译过程

给定源语言的上下文向量，解码器循环神经网络进行解码。

(1) 产生第一个隐含状态 s_1，并基于该隐含状态预测第一个目标语言词"近"。

(2) 将第一个目标语言词"近"、隐含状态 s_1 和上下文向量 c_t 作为输入，此时产生第

二个隐含状态 s_2。隐含状态 s_2 包含了第一个词"近"的信息和源语言句子的信息,用来预测语言句子第二个词"几年"。

(3) 以此循环类推,直到预测到一个句子的结束符为止。

4. 语音合成

语音合成的主要功能是将任意的输入文本转换成自然流畅的语音输出。图 3-46 给出了一个基本的语音合成系统框图。语音合成系统可以以任意文本作为输入,并相应地合成语音作为输出。

输入文本 → 文本分析 → 韵律处理 → 声学处理 → 合成语音输出

图 3-46 语音合成系统框图

(1) 韵律处理。韵律是指实际语音中的抑扬顿挫和轻重缓急。韵律的声学参数一般包括基频、时长、能量,其对于控制合成语音的节奏、语气语调、情感等具有重要意义。

语音学和语言学的研究表明,语音材料在韵律上具有树状层次结构,韵律层主要分为三个基本层次:韵律词、韵律短语和语调短语。用文本分析得到分词、注音和词性等属性信息,建立语法结构到韵律结构模型,包括韵律短语预测、重音预测等,并结合语境信息实现选音和韵律声学参数调整。

(2) 声学处理。声学处理模块根据文本分析模块和韵律处理模块提供的信息来生成自然语音波形。

(3) 语音合成方法。语音合成技术是将计算机自己产生的或外部输入的文字信息转变为可以听得懂的、流利的汉语口语输出的技术。

语音合成技术的方法主要有以下几种。

① 基于共振峰和 LPC 的参数合成法。LPC 合成技术是一种时间波形的编码技术,目的是为了降低时间域信号的传输速率。其特点是简单直观、调整灵活,但音质差。

② 基音同步叠加方法(PSOLA)。在拼接语音波形片断之前,首先根据上下文的要求,用 PSOLA 算法对拼接单元的韵律特征进行调整,使合成波形既保持了原始发音的主要音段特征,又能使拼接单元的韵律特征符合上下文的要求,从而获得很高的清晰度和自然度。

③ 基于 LMA 声道模型技术的语音合成方法。该方法具有传统的参数合成可以灵活调节韵律参数的优点,同时又具有比 PSOLA 算法更高的合成音质。

④ 基于语音数据库的语音合成方法。这种方法合成的语音音质好,自然度高,可以实现无限词汇的语音合成。

语音合成技术经历了一个逐步发展的过程,从参数合成到拼接合成,再到两者的逐步结合。它们各有优缺点,人们在应用过程中往往将多种技术有机地结合在一起,充分利用优点,规避缺点。

3.3.3 技术体验 1:语音识别

1. 百度 AI 体验中心

使用 AI 体验中心进行语音识别体验。

依次打开百度 AI 体验中心—语音技术—语音识别,然后按住录音。

步骤一　点击"语音技术",界面如图 3-47 所示。

技术体验 1:语音识别

图 3-47　语音技术

步骤二　点击"语音识别",按住录音键录制,如图 3-48 所示。

图 3-48　语音识别

步骤三　录制一段话,比如"语音识别是一门交叉学科,近 20 年来,语音识别取得显著进步,开始从实验室走向市场。",如图 3-49 所示。

图 3-49 录音

步骤四 进行语音识别，结果如图 3-50 所示。

图 3-50 语音识别结果

2. 百度 AI 开放平台

步骤一　在百度 Baidu-AIP 页面,下载语音识别的 speech-demo,如图 3-51 所示。

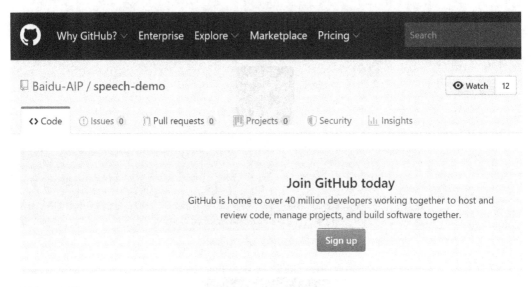

语音api示例

图 3-51　语音识别的 demo

步骤二　用 Eclipse 打开下载的 demo,并使用创建应用中的 AppID、API Key、Secret Key。如图 3-52 所示。

```java
public class AsrMain {

    private final boolean METHOD_RAW = false; // 默认以json方式上传音频文件

    //  填写网页上申请的appkey 如 $apiKey="g8eBUMSokVB1BHGmgxxxxxx"
    private final String APP_KEY = "kVcnfD9iW2XVZSMaLMrtLYIz";

    // 填写网页上申请的APP SECRET 如 $SECRET_KEY="94dc99566550d87f8fa8ece112xxxxx"
    private final String SECRET_KEY = "O9o1O213UgG5LFn0bDGNtoRN3VWl2du6";
```

图 3-52　打开 demo

步骤三　录一段音频,使用音频文件转码 ffmpeg,将 mp3 格式的音频文件转换为 pcm 格式。

注意需要将 mp3 文件复制到 ffmpeg 安装路径的 bin 文件夹下。

转换命令为:

ffmpeg -y　-i aidemo.mp3　-acodec pcm_s16le -f s16le -ac 1 -ar 16000 16k.pcm

// -acodec　pcm_s16le pcm_s16le 16bits 编码器

// -f s16le 保存为 16bits pcm 格式

// -ac 1 单声道

// -ar 16000　　16000 采样率

结果如图 3-53 所示。

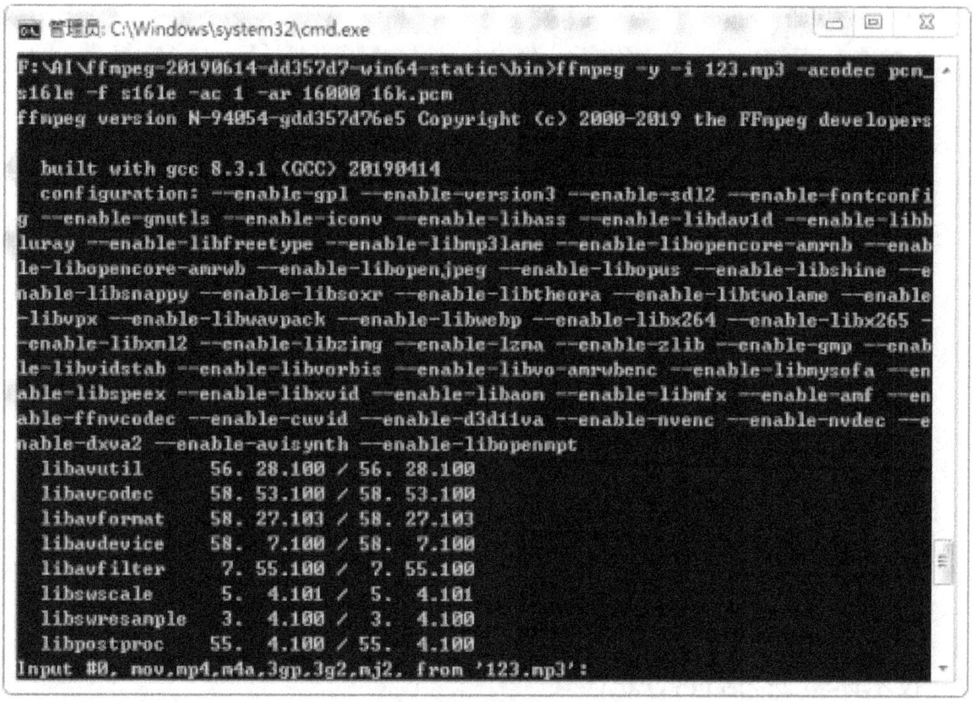

图 3-53 音频文件转码 ffmpeg

步骤四 将转换成的 pcm 文件，复制到下载的 SDK 目录下。

步骤五 运行程序，输出结果，如图 3-54 所示。

smart_game_openapi oauth_sessionkey
smartapp_swanid_verify smartapp_open
source_openapi smartapp_opensource_recapi fake_
face_detect \u5f00\u653eScope","refresh_token":"
25.80bcf5d8fb6297547a6359b2f8902c59.315360000.
1883528647.282335-15803531","session_secret":"db
7b5701d173d85713bcd66c15be167c","expires_in":2592000}

url is : http://vop.baidu.com/server_api
params is :{"speech":"base64Encode(getFileContent(FILENAME))","
cuid":"1234567JAVA","rate":16000,"dev_pid":1537,"token":"24.6
a8abe65a74b9f16eb60bf4bb5042283.2592000.1570760647.28
2335-15803531","len":116352,"format":"pcm","channel":"1"}
识别结束：结果是：
{"corpus_no":"6735233067683734069","err_msg":"success.",
"err_no":0,"result":["广东科学技术职业学院图书馆。"],"sn":"558932017391568168650"}

Result also wrote into D:\documents\eclipse\speech-demo-master\rest-api-asr\result.txt

图 3-54 运行结果

上述例子只能识别普通话，如果需要识别其他语言，则只需修改例程中的 DEV_PID。目前百度 AI 提供的识别语言有以下几种，如图 3-55 所示。

dev_pid	语言	模型	是否有标点	备注	请求地址
1536	普通话(支持简单的英文识别)	搜索模型	无标点	支持自定义词库	http://vop.baidu.com/server_api
1537	普通话(纯中文识别)	输入法模型	有标点	不支持自定义词库	http://vop.baidu.com/server_api
1737	英语		无标点	不支持自定义词库	http://vop.baidu.com/server_api
1637	粤语		有标点	不支持自定义词库	http://vop.baidu.com/server_api
1837	四川话		有标点	不支持自定义词库	http://vop.baidu.com/server_api
1936	普通话远场	远场模型	有标点	不支持自定义词库	http://vop.baidu.com/server_api

图 3-55 识别语音种类

例如,如果需要识别英语,则修改 DEV_PID 为 1737,如图 3-56 所示,其他步骤同上述普通话识别的步骤。

```
// 普通版 参数
{
    URL = "http://vop.baidu.com/server_api"; // 可以改为https
    // 1537 表示识别普通话,使用输入法模型。1536表示识别普通话,使用搜索模型。其它语种参见文档
    // DEV_PID = 1537;
    DEV_PID = 1737;
    SCOPE = "audio_voice_assistant_get";
}
```

图 3-56 英语识别

3.3.4 技术体验 2:语音合成

1. 百度 AI 体验中心

依次打开百度 AI 体验中心——语音技术——语音识别,然后按住录音。

步骤一 点击语音技术界面中的"语音合成",如图 3-57 所示。

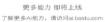

技术体验 2:语音合成

图 3-57 语音合成

步骤二 输入一段话,"据了解,法国政府和社会各界对中国"一带一路"倡议的广

泛认可和欢迎,为中法两国进一步加强教育领域的深入交流与合作奠定了基础",如图 3-58 所示。

图 3-58 输入文本

步骤三 选择合成选项,设置音量、语速、语调。点击播放按钮即可进行语音播放。如图 3-59 所示。

图 3-59 语音合成效果

2. 百度 AI 开放平台

步骤一和步骤二 同语音识别的步骤一和步骤二。下载例程,以 Java 代码为例,修改

AppID、API Key、Secret Key。

　　步骤三　设置需要语音合成的文本内容以及发音人、语速、语调、音量相关参数，如图 3-60 所示。

```java
// text 的内容为"欢迎使用百度语音合成"的urlencode,utf-8 编码
// 可以百度搜索"urlencode"
private final String text = "广东科学技术职业学院图书馆";

// 发音人选择，基础音库：0为度小美，1为度小宇，3为度逍遥，4为度丫丫，
// 精品音库：5为度小娇，103为度米朵，106为度博文，110为度小童，
//111为度小萌，默认为度小美
private final int per = 0;
// 语速，取值0-15，默认为5中语速
private final int spd = 5;
// 语调，取值0-15，默认为5中语调
private final int pit = 5;
// 音量，取值0-9，默认为5中音量
private final int vol = 6;
```

图 3-60　设置文本内容

　　步骤四　运行程序，输出结果 result.wav，如图 3-61 所示，该音频文件保存在该工程文件下。

token URL:http://openapi.baidu.com/oauth/2.0/token?grant_type
=client_credentials&client_id=4E1BG9lTnlSelf1NQFlrSq6h&
client_secret=544ca4657ba8002e3dea3ac2f5fdd241
Token result json:{"access_token":"24.91c88aac28c26
c812e78b90d24285113.2592000.1570787821.282335-10854623
","session_key":"9mzdAvMQ+pY\/8viuEk\/4awgjSpvDronTNK9Y
7jK1QLsYlY\/8Xh7llYk6lYRNnlHSS62sgRos4hg7F39NL1ximD5W
tvrixg==","scope":"brain_enhanced_asr unit_\u7406\u89e3\u4e
0e\u4ea4\u4e92V2 public audio_voice_assistant_get audio_tts_
post wise_adapt lebo_resource_base lightservice_public hetu_basic
 lightcms_map_poi kaidian_kaidian ApsMisTest_Test\u6743\u9650
vis-classify_flower lpq_\u5f00\u653e cop_helloScope ApsMis_
fangdi_permission smartapp_snsapi_base iop_autocar oauth_
tp_app smartapp_smart_game openapi oauth_sessionkey smartapp
_swanid_verify smartapp_opensource_openapi smartapp_opensource
_recapi fake_face_detect_\u5f00\u653eScope","refresh_token":"
25.5a49f941bb3d1bb8276b4d2a86ae35d3.315360000.1883555821
.282335-10854623","session_secret":"153f4418696045811d6d790d
d267920f","expires_in":2592000}

http://tsn.baidu.com/text2audio?tex=%25E5%25B9%25BF%25E4%
25B8%259C%25E7%25A7%2591%25E5%25AD%25A6%25E6%258A%
2580%25E6%259C%25AF%25E8%2581%258C%25E4%25B8%259A%
25E5%25AD%25A6%25E9%2599%25A2%25E5%259B%25BE%25E4%
25B9%25A6%25E9%25A6%2586&per=0&spd=5&pit=5&vol=6&cuid
=1234567JAVA&tok=24.91c88aac28c26c812e78b90d24285113.259
2000.1570787821.282335-10854623&aue=3&lan=zh&ctp=1
audio file write to D:\documents\eclipse\speech-demo-master
\rest-api-tts\result.mp3

图 3-61　运行结果

3.3.5　技术体验 3：文本处理

1. 百度 AI 体验中心

依次打开百度 AI 体验中心—知识与语义—词法分析。

　　步骤一　点击"词法分析"，如图 3-62 所示。

技术体验 3：文本处理

图 3-62 文本处理界面

步骤二 输入"百度语音，面向广大开发者开放语音合成技术，所采用的离在线融合技术，根据当前网络环境自动判断本地引擎或云端引擎，进行合成！"，然后点击"开始合成"，如图 3-63 所示。

图 3-63 词法分析的语音合成

步骤三 分析结果如图 3-64 所示。

图 3-64　分析结果

2. 百度 AI 开放平台

以语言处理基础技术的 Java SDK 为例，进行技术体验。

步骤一 在百度 AI 开放平台的官网，点击开发资源中的 SDK 进行下载，选择语言处理基础技术的 Java SDK，进行下载，如图 3-65 所示。

图 3-65　语言处理基础技术的 Java SDK

步骤二和步骤三 同 3.2.3 小节人脸识别中的百度 AI 开放平台体验的步骤二和三。

步骤四 新建 NLPSample 类，设置创建应用成功之后获得的 AppID、API Key、Secret Key，调用词法分析接口，编写代码，实现词法分析功能，如图 3-66 所示。

```java
public class NLPSample {
    public static final String APP_ID = "16958099";
        public static final String API_KEY = "scDVcQET6zSDm6KULg0OG0yx";
        public static final String SECRET_KEY = "zxNdIcBPSWduHgCktjZ6c6D3rCExK8d9";

    public static void main(String[] args) {
        // 初始化一个AipNlp
        AipNlp client = new AipNlp(APP_ID, API_KEY, SECRET_KEY);

        // 可选：设置网络连接参数
        client.setConnectionTimeoutInMillis(2000);
        client.setSocketTimeoutInMillis(60000);

//        // 可选：设置代理服务器地址，http和socket二选一，或者均不设置
//        client.setHttpProxy("proxy_host", proxy_port);  // 设置http代理
//        client.setSocketProxy("proxy_host", proxy_port);  // 设置socket代理

        // 调用接口
        String text = "大数据与人工智能学院";
        JSONObject res = client.lexer(text, null);
        System.out.println(res.toString(2));
    }
}
```

图 3-66　词法分析接口

步骤五　运行程序，输出结果，如图 3-67 所示。

```
Problems  Javadoc  Declaration  Console  
<terminated> NLPSample [Java Application] D:\software\a
0 [main] INFO com.baidu.aip.cl
2 [main] DEBUG com.baidu.aip.c
{
    "text": "大数据与人工智能学院",
    "items": [
        {
            "formal": "",
            "basic_words": [
                "大",
                "数据"
            ],
            "loc_details": [],
            "item": "大数据",
            "ne": "",
            "byte_length": 6,
            "byte_offset": 0,
            "uri": "",
            "pos": "nz"
        },
        {
            "formal": "",
            "basic_words": ["与"],
            "loc_details": [],
```

图 3-67　运行结果

3.3.6　知识拓展

随着语音技术研究的突破，目前广泛采用的基于深度学习的隐马尔可夫模型的语音识别系统已经取得了较好的识别效果，如百度 Deep Speech 2 的短语识别词错误率降到了3.7%，微软英语语音识别词错误率降到了 5.9%，并且已经推向了商业应用，但目前的智能语音识别仍存在着相当的提升空间。

腾讯 AI Lab 副主任俞栋针对语音识别给出了四个研究方向。

1. 更有效的序列到序列直接转换模型

目前，大部分语音识别用到的转换模型是在对问题做假设的基础上建立的，然后据此在语音信号序列到词序列之间构造若干个组件，把语音信号序列逐步转换成词的序列。但这些假设的部分，比如短时平稳假设和 Conditional Independence 假设，并不适合所有的场景，在某些真实的场景下是有问题的。我们摒弃掉这些有问题的假设而设计的这些组件，然后用从训练数据中学到的转换模型来替换，就有可能找到更好的方法，使序列转换更准确。

(1) CTC(Connectionist Temporal Classification)模型。CTC 模型用于解决时序类数据的分类问题，在模型里面，一个内部状态会一直被系统保存，当这个内部状态能够提供足够多的信息，以至于做某一个决定的时候，它就会生成一个尖峰，这表明到某个位置的时候可以非常确定地推断到底听到了哪个字或者哪个词。而在没有听到足够多信息的时候，只会产生空信号，以表明信息不足以判断听到了某一个字或词。

CTC 模型可以相对自由地选择建模单元，在某些场景下，建模单元越长、越大，识别效果越好。

(2) 带有注意力机制的序列到序列转换模型。该模型的基本思想是首先把输入序列、语音信号序列，转换成一个中间层的序列表达，然后基于中间层的序列表达提供足够的信息给一个专门的、基于递归神经网络的生成模型，并每次生成一个字、一个词或者一个音符。

2. 鸡尾酒会问题

当需要识别两人或者多人的语音时，语音识别率就会极大地降低，这一难题被称为鸡尾酒会问题。

鸡尾酒会问题有两种解决方法：

(1) 深度聚类(Deep Clustering)方法。当两个人说话时，如果每一个时频点都被其中一人掌控，则此时可以将整个语谱分割成两个集群，分属于说话的两个人，从而训练一个嵌入空间表达。如果同一个人在两个时频点说话，则它们在嵌入空间的距离比较近；如果是不同的说话人，则距离比较远。所以训练准则是基于集群的距离来定义的，在识别时，首先将语音信号映射到嵌入空间，然后在该空间训练一个相对简单的集群，比如使用 k-means 算法。

(2) 置换不变性的训练方法(Permutation Invariant Training，PIT)。PIT 通过自动寻找分离出的信号和标注的语源之间的最佳匹配来优化语音分离。

3. 持续预测与适应的模型

建造一个持续预测(Prediction)和适应(Adaptation)的模型，使其能够非常快速地适应并持续预测，以此改进下一帧的识别结果。

4. 前端与后端联合优化

基于远场识别的情境，需要系统做好前端和后端的联合优化，即在前端信号处理时，尽量较少丢失信息，而后端处理又能够充分有效地利用这些信息。

参 考 文 献

[1] 李德毅. 人工智能导论[M]. 北京：中国科学技术出版社，2018.
[2] 俞栋，邓力. 解析深度学习：语音识别实践[M]. 北京：电子工业出版社，2016.
[3] 史忠值. 人工智能[M]. 北京：机械工业出版社，2016.
[4] 杨南. 基于神经网络学习的统计机器翻译研究[D]. 合肥：中国科学技术大学，2015.
[5] 王万良. 人工智能导论[M]. 北京：高等教育出版社，2011.

习题

第四章　无人驾驶

无人驾驶技术是集人工智能、传感器、机器学习和视觉计算等众多技术于一体的一种综合技术。无人驾驶技术得益于人工智能技术的应用及推广，在环境感知、精准定位、决策与规划、控制与执行、高精度地图与车联网(V2X)等方面实现了全面提升。无人驾驶突破了传统的以驾驶员为核心的模式，大大降低了交通事故的发生概率，有效地提高了行车的安全性和舒适性，增强了能源的有效利用，具有极高的经济和社会效益。如图4-1为无人驾驶汽车。

图 4-1　无人驾驶汽车

4.1　应用场景

无人驾驶技术被认为是未来人工智能技术规模和影响力最大的应用市场。无人驾驶主要是依靠智能驾驶仪来实现的。通常，无人驾驶汽车通过车载传感器感知道路环境，根据感知到的道路、车辆位置、障碍物信息来控制车辆的速度以及转向，从而使车辆能够在自动规划的路线上安全、可靠地行驶。

4.1.1　公共交通领域

随着科技的进步、经济的飞速发展，汽车行业出现井喷式发展，但同时由交通车辆引发的交通堵塞和交通事故也越来越多，究其原因，大多是由于不遵守交通法规、车辆故障、驾驶人操作不当等原因造成的。在这样的现状下，具有安全性、智能性的自动驾驶汽车成为公共交通、个人出行的发展趋势。

图 4-2 为无人驾驶汽车，无人驾驶汽车主要通过环境感知获取环境参数和车内系统的实时参数，经过系统分析来控制车辆的出行状态，避免了交通事故的发生。同时，可以将无人车系统相互连接起来整体控制，实现高效的车流划分，交通疏通。其中，计算机视觉技术在行驶过程中提供及时准确的环境信息，交通标志标线识别技术给出了重要的交通信息，复杂环境的数学建模和相关算法的图像分析处理为处理器的判断提供依据，这些技术在公共交通领域起着举足轻重的作用，决定了无人驾驶汽车在行驶过程中路径行驶的准确性和规避障碍的及时性，对于整个公共交通系统的畅通性具有重大的意义。

图 4-2　无人汽车

4.1.2　快递用车和工业应用

快递用车和"列队"卡车将是另一个可能会较快使用到无人车的领域。在线购物和电子商务网站的快速兴起，给快递公司带来利好。图 4-3 为京东快递无人车，快递无人车配送主要是根据雷达控制、GPS 定位、图像识别、路径规划、道路监测来实现快递车的运行及环境感知。配送站通过雷达将小车所在的具体位置以及具体情况进行实况分析并传输给云端进行分析。当有配送请求时，调配站将目标发送给配送小车，由小车完成配送任务。在"互联网+"和"智能化"的大趋势下，无人驾驶技术在快递和工业上的应用将会越来越广。

图 4-3　京东快递无人车

4.1.3 障碍人士护理

在老年人和残疾人这两个消费群体中，无人车已经得到大规模应用。由于自身条件的限制和视力原因，这两类人都面临着出行困难，但智能车辆的出现给他们带来方便。智能医疗领域通过先进的物联网技术，实现智能车上患者和医务人员以及医疗设备之间的互动。无人车的发展尤其是语音互联和语音识别技术、人工智能技术、传感器技术的发展，给老年人和残疾人带来福音。出行障碍人士通过无人车上的语音交互系统完成车辆的运行控制、车辆内部的环境感知、交通标识判断、路径规划与导航、GPS 定位，完成车辆的正常行驶。在智能医疗的发展趋势下，针对出行障碍人士的无人车技术的发展势在必行。

4.1.4 航拍、巡检、安防领域

无人机在军用、工业和民用领域都有广泛的应用。无人机是个平台型的技术，是一项涉及多个技术领域的综合技术，它对通信、传感器、人工智能和发动机技术都有比较高的要求。通过这些技术可以实现航拍、植保、安防、物流运输等功能应用，图 4-4 为用于航拍的无人机。

图 4-4 用于航拍的无人机

无人机航拍主要利用遥感操控平台，借助无人机拍摄黑白、彩色照片以及录像获取某区域的地势地貌，并迅速将获取到的数据传输给操控中心，操控中心对数据进行进一步整理和加工，最终形成多种二维或者三维的数据信息。遥控、GPS、通信、数据分析等技术均囊括在无人飞行的实现过程中。目前，无人机主要应用在医疗救灾、巡检、电力检查、航拍摄影、军用侦查等领域。

4.1.5 测绘、检测领域

国内无人船用途多为测绘、水文和水质监测。智能无人船通过高精度陀螺仪实现智能导航，通过遥控远程控制、GPS 路径自动巡航或通过 3G 遥控操作模式进行无人操控，行驶过程中自动探测障碍物以选择最优航行路线，并在航行过程中实现采样数据的采集与传输。无人船与远程海洋监测系统配合工作，完成测绘和水文监测任务，如图 4-5 所示。

图 4-5   用于测绘的无人船

4.2   应用实例 1：无人车

4.2.1   案例分析

无人驾驶技术是对人类驾驶员在长期驾驶实践中，对"环境感知—决策与规划—控制与执行"过程的理解、学习和记忆的物化，自主驾驶和无人驾驶对比如图 4-6 所示。

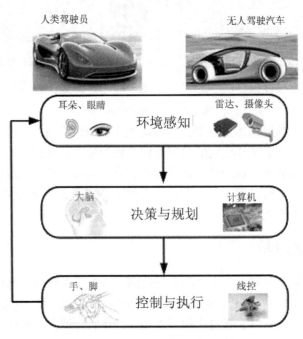

图 4-6   自主驾驶和无人驾驶对比图

无人驾驶汽车是一个复杂的软硬件结合的智能自动化系统，运用了自动控制技术、现代传感技术、计算机技术、信息与通信技术以及人工智能技术等。

对比人工驾驶而言，无人驾驶汽车通过摄像机、激光雷达、毫米波雷达、超声波等车载传感器来感知周围的环境，依据所获取的信息来进行决策判断，通过适当的工作模型来制定相应的策略，如预测本车与其他车辆、行人等在未来一段时间内的运动状态，并进行避碰路径规划。在规划好路径之后，控制车辆沿着期望的轨迹行驶。车辆控制系统包括横向控制(转向)与纵向控制(速度)。当然，上述的动作都是基于传感器实时获取环境信息所做的局部路径规划下的动作，还需要与基于完整环境信息的全局路径相结合。

4.2.2 相关知识

1. 环境感知

环境感知作为其他部分的基础，处于无人驾驶汽车与外界环境信息交互的关键位置，是实现无人驾驶的前提条件，起着人类驾驶员"眼睛""耳朵"的作用。环境感知技术利用摄像机、激光雷达、毫米波雷达、超声波等车载传感器以及 V2X 和 5G 网络等获取汽车所处的交通环境信息和车辆状态信息等多源信息，为无人驾驶汽车的决策规划进行服务。

2. 精准定位

无人驾驶汽车的基础是精准导航，人们不仅需要获取车辆与外界环境的相对位置关系，还需要通过车身状态感知确定车辆的绝对位置与方位。

1) 惯性导航系统

惯性导航系统由陀螺仪和加速度计构成，首先测量运动载体的线加速度和角速率数据，再将这些数据对时间进行积分运算，从而得到速度、位置和姿态。惯性导航系统以牛顿力学定律为基础，工作原理是根据陀螺仪的输出建立导航坐标系并给出姿态角，再根据加速度计的输出计算出运动载体的速度和位置，实现惯性参考系到导航坐标系的转换。惯性导航属于推算导航，即在已知基准点位置的前提下，根据连续观测推算出下一点的位置，因而可连续测出运动载体的当前位置。

2) 轮速编码器与航迹推算

可以通过轮速编码器推算出无人驾驶汽车的位置。通常轮速编码器安装在汽车的前轮，分别记录左轮与右轮的总转数。通过分析每个时间段里左右轮的转数，就可以推算出车辆向前走了多远，向左或向右转了多少度等。由于在不同地面材质(如冰面与水泥地)上转数对距离转换存在偏差，随着时间推进，测量偏差会越来越大，因此单轮速编码器并不能精准估计无人驾驶汽车的位姿。

3) 卫星导航系统

目前，全球卫星导航系统包括美国的 GPS、俄罗斯的 GLONASS、中国的北斗卫星导航系统。GPS 是由美国国防部研制的全球首个定位导航服务系统，空间段由平均分布在

6 个轨道面上的 24 颗导航卫星组成，采用 WGS-84 坐标系。GLONASS 由前苏联在 1976 年启动建设，正式组网比 GPS 还早。苏联解体后，GLONASS 由俄罗斯负责运营，其空间站由 27 颗工作卫星和 3 颗备份卫星组成，27 颗卫星均匀地分布在 3 个近圆形的轨道平面上。北斗卫星导航系统是中国自主研发、独立运行的全球卫星定位与通信系统，空间段包括 5 颗静止轨道卫星和 30 颗非静止轨道卫星，采用我国独自建立使用的 CGCS 2000 坐标系。

3. 决策与规划

无人驾驶汽车的行为决策与路径规划是指依据环境感知和导航子系统输出信息，通过一些特定的约束条件，如无碰撞、安全到达终点等，规划出给定起止点之间多条可选的安全路径，并在这些路径中选取一条最优路径作为车辆行驶轨迹。

通常情况下，无人驾驶汽车的决策与规划系统主要包含以下两项内容：

(1) 路径规划：即路径局部规划。无人驾驶车辆的路径规划算法会在行驶任务设定之后将完成任务的最佳路径选取出来，避免碰撞和保持安全距离。在此过程中，系统会对路径的曲率和弧长等进行综合考量，从而实现路径选择的最优化。

(2) 驾驶任务规划：即全局路径规划，主要的规划内容是行驶路径范围的规划。当无人驾驶汽车上路行驶时，驾驶任务规划会为汽车的驾驶提供方向引导方面的行为决策方案，通过 GPS 技术对即将需要行驶的路段和途经区域进行规划与顺序排列。

目前，无人驾驶汽车主要使用的行为决策算法有以下 3 种：

(1) 基于神经网络。无人驾驶汽车的决策系统主要通过神经网络确定具体的场景并作出适当的行为决策。

(2) 基于规则。工程师首先想出所有可能的"if-then 规则"的组合，然后基于规则的技术路线对汽车的决策系统进行编程。

(3) 混合路线。结合了以上两种决策方式，通过集中性神经网络优化，通过"if-then 规则"完善。混合路线是最流行的行为决策算法。

4. 控制与执行

无人驾驶汽车的车辆控制系统是无人驾驶汽车行驶的基础，包括车辆的纵向控制和横向控制。

(1) 纵向控制。无人驾驶汽车采用油门和制动综合控制的方法来实现对预定车速的跟踪，各种电机-发动机-传动模型、汽车运行模型和刹车过程模型与不同的控制算法相结合，构成了各种各样的纵向控制模式。

(2) 横向控制。车辆横向控制主要有两种基本设计方法：基于驾驶员模拟的方法和基于车辆动力学模型的方法。

基于驾驶员模拟的方法有两种：一种是使用较简单的动力学模型和驾驶员操纵规则设计控制器；另一种是用驾驶员操纵过程的数据训练控制器以获取控制算法。

基于车辆动力学模型的方法：需要建立较精确的汽车横向运动模型。典型模型如单轨模型，该模型认为汽车左右两侧特性相同。

5. 高精度地图与车联网 V2X

1) 高精度地图

高精度地图拥有精确的车辆位置信息和丰富的道路元素数据信息，起到构建类似于人脑对于空间的整体记忆与认知的功能，可以帮助汽车预知路面的复杂信息，如坡度、曲率、航向等，帮助汽车更好地规避潜在的风险，是无人驾驶汽车的核心技术之一。高精度地图相比服务于 GPS 导航系统的传统地图而言，其最显著的特征是表征路面特征的精准性。传统地图只需要做到米量级的精度就可以实现基于 GPS 的导航，而高精度地图需要至少 10 倍以上的精度，即达到厘米级的精度才能保证无人驾驶汽车行驶的安全。同时，高精度地图还需要有比传统地图更高的实时性。由于道路路况经常会发生变化，如道路整修、标志线磨损或重漆、交通标志改变等，这些改变都要及时反映在高精度地图上，以确保无人驾驶汽车的安全。

2) 车联网 V2X

V2X 表示 Vehicle to X，其中 X 表示基础设施(Infrastructure)、车辆(Vehicle)、行人(Pedestrian)、道路(Road)等。V2X 网联通信集成了 V2N、V2V、V2I 和 V2P 共四类关键技术。

V2N(Vehicle to Network)：通过网络将车辆连接到云服务器，使车辆能够使用云服务器上的娱乐、导航等功能。

V2V(Vehicle to Vehicle)：不同车辆之间的信息互通。

V2I(Vehicle to Infrastructure)：包括车辆与路障、道路、交通灯等设施之间的通信，用于获取路障位置、交通灯信号时序等道路管理信息。

V2P(Vehicle to Pedestrian)：车辆与行人或非机动车之间的交互，主要提供安全警告。

2010 年美国颁布了以 IEEE 802.11P 作为底层通信协议和以 IEEE 1609 系列规范作为高层通信协议的 V2X 网联通信标准。2015 年我国开始相关的研究工作。2016 年国家无线电委员会确定了我国的 V2X 专用频谱。2016 年 6 月，V2X 技术测试作为第一家"国家智能网联汽车试点示范区"及封闭测试区的重点布置场景之一。2017 年 9 月，《合作式智能交通系统车用通信系统应用层及应用数据交互标准》正式发布。V2X 技术的实现一般基于 RFID、拍照设备、车载传感器等硬件平台。V2X 网联通信产业分为 DSRC 和 LTE-V2X 两个标准和产业阵营。

4.2.3　技术体验 1：无人车路径规划

路径规划，是指在有障碍物的环境中，按照一定的评价标准，寻找一条从起始状态到目标状态的无碰撞路径。

常用的路径规划算法有模糊规则法、遗传算法、神经网络算法、蚁群优化算法、A*算法。本节通过 pathplan 1.1 软件仿真，路径规划算法采用 Multi-Step A* (MSA*) 算法，利用路径规划仿真平台，体验无人路径规划。下面介绍具体操作步骤。

技术体验 1：无人车路径规划

步骤一　添加地图。

如图 4-7 所示，点击"添加地图"，右侧图形区出现 500×500 点阵的地图区。其中障碍物区和空闲区如图标记所示。

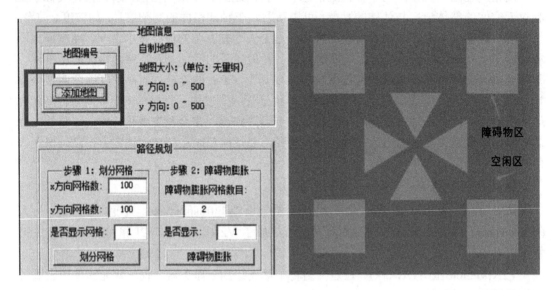

图 4-7　添加地图

步骤二　划分网络。

点击"划分网络"按钮，配置参数如图 4-8 所示，右侧图形区被点阵化。

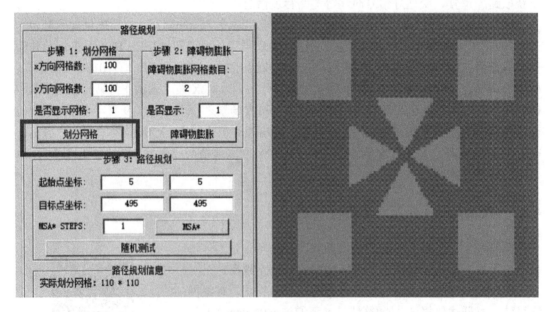

图 4-8　划分网络

步骤三　障碍物边缘获取。

如图 4-9 所示，点击"障碍物膨胀"，右侧图形区域障碍物的边缘被描出。

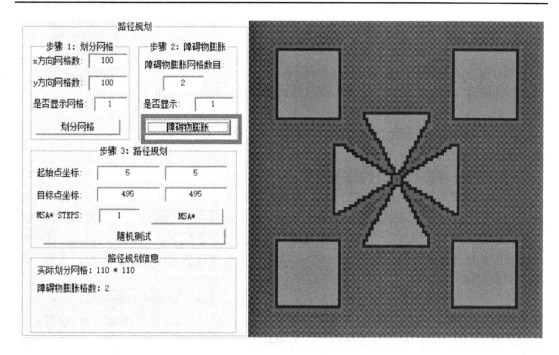

图 4-9 障碍物边缘获取

步骤四 路径规划测试。

点击"随机测试",如图 4-10 所示,右侧图形区域中空闲区域的任意两点将按照 Multi-Step A∗ (MSA∗)算法规划出最短路径。

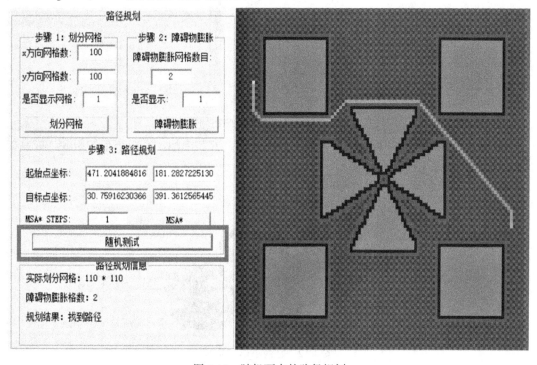

图 4-10 随机两点的路径规划

4.2.4 技术体验 2：无人车自主避碍

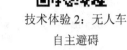

技术体验 2：无人车
自主避障

无人车自主避碍的技术可分为三个阶段。

第一阶段：感知障碍物。无人车通过传感器感知障碍物并快速停止前进，等待无人车主控系统的下一步指令；

第二阶段：绕过障碍物。主控系统根据具体算法操控驱动系统做相应前进或后退的动作；

第三阶段：规划出合理路线继续前进。

下面通过湖南智宇科技的 **ZY08CG** 智能小车来感受无人车自主避障的传感器感知过程。无人车的避障主要通过红外传感器来实现。红外线是太阳光线中众多不可见光线中的一种，由德国科学家霍胥尔于 1800 年发现，又称为红外热辐射。在太阳光谱上，红外线的波长大于可见光线，波长范围为 0.75～1000 μm。红外线的频率低，波长长，常用于遥控、车辆测速、探测等。

红外传感器避障利用了物体的反射性质。在一定范围内，如果没有障碍物，则红外传感器发射的红外线会因为传播距离变大而逐渐减弱，最后消失。如果存在障碍物，如图 4-11 所示，则红外线遇到障碍物被反射到达红外线接收端，接收端检测到信号就可以确认正前方有障碍物，然后将信息传送给单片机，单片机通过内部算法驱动控制轮子的电机工作，从而完成躲避障碍物动作。下面介绍具体步骤。

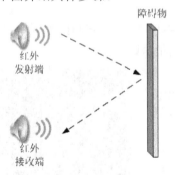

图 4-11 红外传感器测试障碍物原理

步骤一 完成小车底板、主板、电池盒的焊接，安装电池，完成小车的组装，成品如图 4-12 所示。

图 4-12 智能小车成品图

步骤二　给小车上电，检查电源指示灯是否正常指示。若电源的绿色指示灯不亮，则需要重新检查焊接；若电源指示灯正常指示，则进行下一步。

步骤三　安装 USB 转串口驱动。双击" CH341SER"安装驱动，驱动安装完成后，将串口接在电脑端，电脑可以正确识别该串口，如图 4-13 所示。

步骤四　连接电脑的 USB 接口。如图 4-14 所示，图中的 USB 接口通过 USB 连接线接入电脑。

图 4-13　接入串口后设备管理器界面图　　　　图 4-14　USB 线连接实物图

步骤五　将 USB 接口接入电脑，烧写程序：点击" STC_ISP_V483"图标，打开烧写软件，选择接入电脑的串口号，选择"STC89C52RC"单片机，加载程序文件，点击"Download/下载"按钮，完成程序下载，如图 4-15 所示。

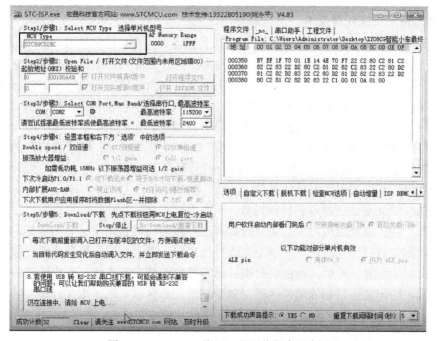

图 4-15　STC_ISP 烧写工具下载程序示意图

步骤六　去掉 USB 烧写设备和下载所用的杜邦线，重新给小车上电。此时将小车放在平面上，在小车周围放置障碍物，小车通过车内的红外传感器即可实现避障功能。

4.2.5　知识拓展

1. 三维自动目标识别过程

三维自动目标识别(ATR)是指从三维成像的传感器数据中自动检测并识别目标。ATR技术在民用和军事领域具有广泛的用途。三维 ATR 流程一般包括数据获取、数据预处理、目标检测、目标分割、特征提取、分类和识别等。ATR 算法的典型框图如图 4-16 所示。

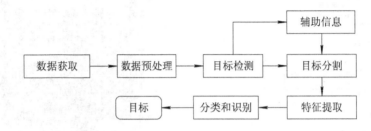

图 4-16　ATR 算法的典型框图

首先，输入传感器获取得到的数据或计算机仿真场景数据。其次，对场景数据进行去噪等预处理操作。然后，结合目标自身特征以及其他辅助来源的信息进行目标分割，辅助信息包括 GPS、天气、时间、上下文信息等。在目标分割之后，针对每个目标计算出一组特征作为目标分类的基础，这些特征的可靠性对于目标分类是至关重要的，可以减少后续决策过程的计算量，并且决定了识别的精度。最后是分类和识别过程，根据目标数据库，对目标进行三维自动目标识别和分类。

2. 激光雷达三维成像技术

ATR 系统可以使用的传感器包括红外成像传感器、合成孔径雷达(SAR)、激光雷达等。红外成像传感器在当前的 ATR 系统中应用较为广泛。然而红外图像是二维数据，不能提供目标的三维信息，而激光雷达可以提供以距离和强度为基础的高分辨率三维影像，从而具有更加精确的目标识别能力。通常激光雷达三维成像技术包含以下三个步骤。

步骤一　将激光雷达原始数据转化为三维有向数据。

激光雷达得到的原始数据是三维的"角度-角度-距离"图像，基于自旋图的目标识别算法不能直接处理原始数据，需要使用数据的表面表示。表面通常采用三维有向数据表示，包括三维点以及相应的表面归一化矢量。

步骤二　激光雷达三维点云目标提取。

在步骤一中，激光雷达仿真后输出的数据已经转为三维直角坐标系的数据，但是仿真点云数据同时包含目标和背景，所以要进行目标提取。通常，为了更精确地提取三维点云目标、保留原始信息，采用目标粗检测和目标精提取相结合的方法。首先通过曲线拟合进行目标检测，给出地面目标的局部区域，对于这个局部区域，除了地面目标，其他地面点相对平坦，然后利用高度差阈值法分割地面目标点云和地面点云，进行地面目标的精提取。提取流程图如图 4-17 所示。

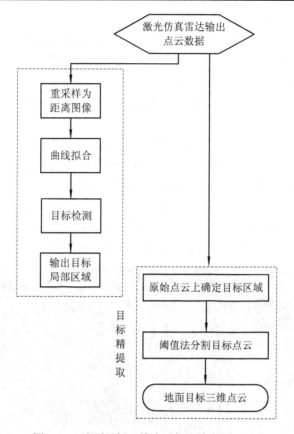

图 4-17 地面目标三维点云提取流程图

步骤三 激光雷达三维点云目标表面重建。

地面目标提取后，在目标识别之前还需要进行目标表面重建。这一步骤主要是将散乱的三维点云重建成网格图像，如图 4-18 所示。

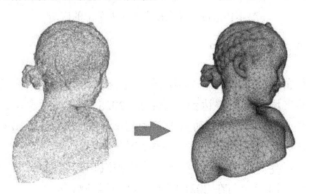

图 4-18 三维点云目标表面重建

3. 激光雷达的优越性

目前，激光雷达可以提供以距离和强度为基础的高分辨率三维影像，如图 4-19 所示，使其在无人车的影像监控上有重要的应用价值。激光雷达的优越性表现在以下六点。

(1) 激光成像雷达属于主动式传感器，能够自己发射光源，因此受外界环境(季节、光照、温度等)干扰小，能够全天时使用。

(2) 激光成像雷达获取的是目标距离信息，距离图像又称为深度图像，是通过对空间目标的离散测距形成的目标距离分布。距离图像的点阵云数据清晰地表达了目标的表面几何形状，与环境光照和阴影无关。因此，相对于红外或可见光图像，由于没有光照阴影及物体光滑表面上的纹理所产生的困扰，从距离图像数据中可以比较容易地求得更可靠、更稳定的几何特征。

(3) 通过增大光源的功率，可以增大激光雷达的感知距离。

(4) 激光波长短，测距精度以及距离分辨率较高；使用不可见光波长，不易被发现。

(5) 激光能够穿透稀疏的物质，如植被、伪装、烟雾等。

(6) 激光雷达获取的是目标的三维轮廓信息，能够测量目标的形状和绝对尺寸，并且能够实现目标的三维可视化。目标的三维特征属于物体的固有属性，具有唯一性、稳定性和不变性等优点，因此依据三维特征进行自动目标识别具有高可靠性。

图 4-19　雷达成像技术在无人车上的应用

4.2.6　我有话要说：谁的责任?

材料一：我国发布的《节能与新能源汽车技术路线图》指出，到 2020 年，驾驶辅助/部分自动驾驶车辆的市场占有率将达到 50%；到 2025 年，高度自动驾驶车辆的市场占有率将达到 15%；到 2030 年，完全自动驾驶车辆的市场占有率接近 10%。

材料二：各大自动驾驶技术研发企业与传统汽车制造厂商均在努力加速实现自动驾驶汽车的商业化进程。百度计划 2020 年实现自动驾驶汽车的全面量产；宝马计划 2021 年推出完全自动驾驶汽车；福特计划在 2021 年推出自动驾驶汽车。

材料三：美国当地时间 2018 年 3 月 18 日晚，优步自动驾驶测试车在亚利桑那州(State of Arizona)坦佩市(Tempe)郊区，与一名横穿马路的中年妇女相撞，事故导致该女子不幸身亡。这是人类历史上第一起自动驾驶汽车致人死亡的事件。

无人驾驶技术在目前形式下是否需要发展？自动驾驶汽车造成的交通事故责任由谁承担？

4.3 应用实例2：无人机

4.3.1 案例分析

无人机就是利用无线遥控或程序控制来执行特定航空任务的飞行器，是不搭载操作人员的一种动力空中飞行器，通过空气动力为飞行器提供所需的升力，能够自动飞行或远程引导。无人机系统的组成如图 4-20 所示。

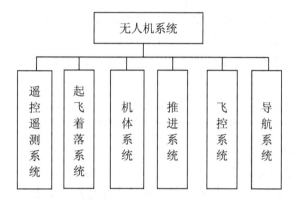

图 4-20 无人机系统的组成

无人机飞行控制系统是指能够稳定无人机飞行姿态，并能控制无人机自主或半自主飞行的控制系统，是无人机的大脑，也是区别于航模的最主要标志，简称飞控系统。传统直升机形式的无人机通过控制直升机的倾斜盘、油门、尾舵等，控制飞机转弯、爬升、俯冲、横滚等动作。下面以四旋翼无人机为例，简述无人机的飞行原理。

四旋翼无人机一般由检测模块、控制模块、驱动模块以及电源模块组成(见图 4-21)。

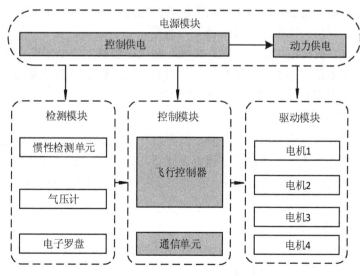

图 4-21 四旋翼无人机系统模块划分

检测模块的功能是对当前姿态进行量测；控制模块的功能是对无人机的当前姿态进行解算，优化控制并对驱动模块产生相对应的控制量；电源模块的功能是对整个系统供电。四旋翼无人机的所有姿态都是通过控制和调节驱动模块的四个驱动电机来实现的。四旋翼无人机的主要运动状态分为悬停、垂直运动、滚动运动、俯仰运动以及偏航运动五种。

4.3.2　相关知识

1. 整套无人机飞控工作原理

(1) 地面站开机，规划航线，给飞控开机，上传航线至飞控。

(2) 设置自动起飞及降落参数，如起飞时离地速度、抬头角度(起飞攻角，也称迎角)、爬升高度、结束高度、盘旋半径或直径、清空空速计等。

(3) 检查飞控中的错误、报警。若一切正常，则开始起飞，盘旋几周后再开始飞向任务点，执行任务。

(4) 最后降落，根据场地选择，一般郊外建议伞降或手动滑降。无人机在飞行过程中如果偏离航线，飞控就会一直纠正这个错误，直到复位为止。

2. IMU(惯性测量单元)

现在的飞控内部使用的都是由三轴陀螺仪、三轴加速度计、三轴地磁传感器组成的一个IMU，也称惯性测量单元。惯性测量单元的作用是感知飞机姿态的变化。

1) 三轴陀螺仪

三轴陀螺仪、三轴加速度计、三轴地磁传感器中的三轴指的是飞机左右、前后和垂直方向这三个轴，一般都用 XYZ 来表示。左右方向在飞行中叫做横滚，用 X 轴表示，前后方向在飞行中叫做俯仰，用 Y 轴表示，垂直方向用 Z 轴表示。陀螺在不转动的情况下很难站在地上，只有转动起来了，它才会站立在地上，这就是陀螺效应。根据陀螺效应，人们发明出陀螺仪。最早的陀螺仪是一个高速旋转的机械陀螺，通过三个灵活的轴固定在一个框架中，无论外部框架怎么转动，中间高速旋转的陀螺始终保持一个姿态。通过三个轴上的传感器就能够计算出外部框架旋转的度数等数据。

由于成本高、机械结构复杂，因此机械陀螺现在都基本被电子陀螺仪所代替。电子陀螺仪的优势是成本低、体积小、重量轻，只有几克重，稳定性和精度都比机械陀螺高。陀螺仪在飞控中是用来测量 XYZ 三个轴的倾角的。

2) 三轴加速度计

三轴加速度计也具有 XYZ 三个轴。当我们开车起步的一瞬间就会感到背后有一股推力，这股推力就是加速度，加速度是速度变化量与发生这一变化所用时间的比值，是描述物体变化快慢的物理量，单位是 m/s^2。三轴加速度计就是用来测量飞机 XYZ 三个轴的加速度的。

3) 三轴地磁传感器

地磁传感器用于感知地磁，相当于一个电子指南针，它可以让飞机知道自己的飞行朝向、机头朝向，找到任务位置和家的位置。

3. 气压计

气压计是用来测量当前位置的大气压的。气压计通过测量不同位置的气压，计算出压差来获得飞机当前的高度。

4. 电子罗盘

电子罗盘又称数字罗盘。在现代技术条件中，电子罗盘作为导航仪器或姿态传感器已被广泛应用。电子罗盘与传统指针式和平衡架结构罗盘相比能耗低、体积小、重量轻、精度高、可微型化，其输出信号通过处理可以实现数码显示，不仅可以用来指向，其数字信号还可直接送到自动舵，控制船舶的操纵。目前，广为使用的是三轴捷联式数字磁罗盘。大多数三轴电子罗盘都集成了加速度计和陀螺仪，因此电子罗盘通常有三个角度的输出，即横滚角、俯仰角和航向角。这种罗盘具有抗摇动和抗震性，航向精度较高，对干扰场有电子补偿，可以集成到控制回路中进行数据链接，因而被广泛应用于航空、航天、机器人、航海、车辆自动导航等领域。

5. GPS 定位

GPS 定位的原理是三点定位。GPS 定位卫星是卫星组，距离地球表面 22 500 千米，卫星组中各卫星所运动的轨道正好形成一个网状面，也就是说在地球上的任意一点，都可以同时收到三颗以上的卫星信号。卫星在运动的过程中会一直不断地发出电波信号，信号中包含数据包，其中就有时间信号。GPS 接收机通过解算来自多颗卫星的数据包以及时间信号，可以清楚地计算出自己与每一颗卫星的距离，使用三角向量关系计算出自己所在的位置。这个信号会通过一个编译器编译成一个电子信号传给飞控系统，让飞控系统知道自己所在的位置、任务的位置和距离、家的位置和距离以及当前的速度和高度，然后再由飞控系统驾驶飞机飞向任务位置或回家。

6. 地面站

地面站就是在地面的基站，用于指挥飞机。地面站可以分为单点地面站或者多点地面站。民航机场就是地面站，全国甚至全球所有的地面站都实时联网，它们能够清楚地知道天上在飞行的飞机，并能实时监测到飞机当前的飞行路线、状况以及飞机的实时调度等。无人机大部分都是单点地面站。单点地面站一般由一到多个人值守，包括技术员、场务人员、后勤员、通信员、指挥员等。

地面站设备一般包括遥控器、电脑、视频显示器、电源系统、电台等。电脑上装有控制飞机的软件，通过航线规划工具规划飞机飞行的线路，并设定飞行高度、飞行速度、飞行地点、飞行任务等，通过数据口连接的数传电台将任务数据编译传送至飞控中。

4.3.3 技术体验：无人机航拍摄影

无人机是通过无线电遥控设备或机载计算机程控系统进行操控的不载人飞行器。无人机结构简单、使用成本低，不但能完成有人驾驶飞机执行的任务，更适用于有人飞机不宜执行的任务，对突发事情应急、预警有很大的作用。

本书以大疆出品的 TELLO 无人机为例，通过手机作为 WIFI 遥控，操控无人机进行航拍。

步骤一 组装好无人机，安装电池，下载对应的 APP。APP 的名称叫做 TELLO(特洛)，如图 4-22 所示。

技术体验：无人机航拍摄影

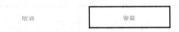

图 4-22　TELLO APP 安装示意图

步骤二　连接无人机。单击无人机侧面的开机按键，使用手机 WIFI 连接无人机
(TELLO-A996B1)，如图 4-23 所示。

图 4-23　连接无人机 TELLO 的 WIFI

步骤三　操作无人机飞行。图 4-24 为操控无人机 TELLO 飞行的界面，左下角图标表
示无人机转向和上升下降；右下角图标表示无人机前后移动；左上角从左到右依次为起飞、
飞行模式和设置；中间部分为无人机的一些状态信息；右上角是视频照片查看、视频拍照
模式选择和拍照及录制按钮。

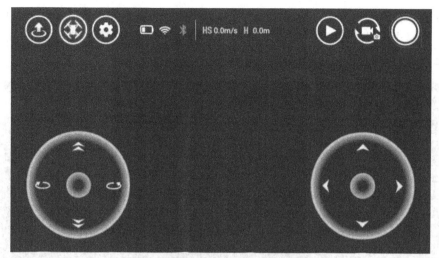

图 4-24　操控 TELLO 无人机飞行界面

步骤四　进入多种飞行模式。点击飞行模式按钮，如图 4-25(a)和图 4-25(b)所示，进入"飞行模式"可以体验"抛飞模式"、"翻滚模式"和"一键飞远"。

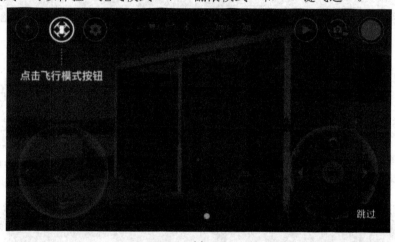

(a)

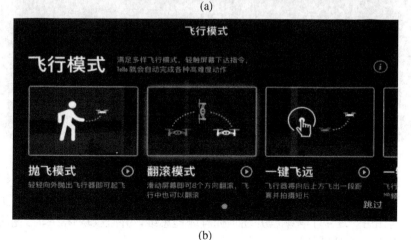

(b)

图 4-25　多种飞行模式

步骤五　体验航拍摄影。控制飞机飞行，选取合适的航拍场景素材；点击右上角的切换拍照录像模式按钮，进入录像模式，点击右上角的拍照/录像按钮，进行航拍。拍摄完成之后可进行航拍画面的历史回放。如图 4-26 所示。

图 4-26　体验航拍摄影

4.3.4　知识拓展

1. 无人机 TELLO 的图形化编程

大疆的无人机 TELLO 除了 APP 提供的玩法之外，还支持编程。如图 4-27 所示，TELLO 开放 SDK，可以通过 Scratch 的图形化编程，给 TELLO 带来更多的无限可能。

知识拓展：关于 Scratch 进行
TELLO 无人机编程

图 4-27　无人机 TELLO 支持二次编程

无人机 TELLO 所支持的 Scratch，为麻省理工学院设计开发的编程工具。编程过程全部模块化、图形化，非常适合青少年和编程入门级用户使用。Scratch 的编程界面如图 4-28所示，该工具让用户逐步了解编程并逐步拥有编程思维，并且模块化、图形化的编程模式更直观，使用户容易理解和上手。

图 4-28　Scratch 软件编辑界面

2. Scratch 的优点

相对于 C++、VB、JAVA、Python 等语言，用于初学者来说，Scratch 有以下优点：

(1) 入门简单，无关原有编程基础，适合初次学习编程语言的学者使用。

(2) 内容丰富，提供角色绘制设计功能，甚至还为喜欢音乐的用户提供音频处理功能。

(3) 通过使用 Scratch，让学生在动画、游戏设计过程中逐渐形成逻辑分析、独立思考的思维方式，学会提出问题、解决问题。

(4) 相比其他编程软件，Scratch 更加直观，使用户比较容易看到自己的劳动成果。

3. Scratch 编程入门举例

下面以一个"猫咪跳舞"的例子来介绍 Scratch 的入门编程。

步骤一　如图 4-29 所示，点击"File->Save"，新建一个文件并保存为"cat_move"。

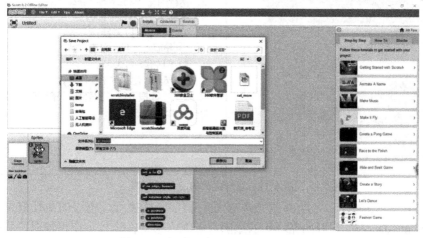

图 4-29　新建一个"cat_move"文件

步骤二　添加背景。如图 4-30 所示，点击"New backdrop"添加背景，选取"desert"作为背景。

图 4-30　添加背景

步骤三　点击图形化区域，并使用图形化进行编程，编程代码以及代码的解释如图 4-31 所示。

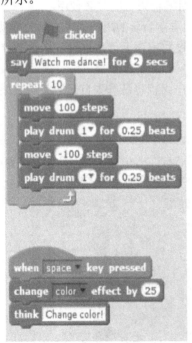

1. 当点击 ▶ 按钮，

2. 两秒内说"Watch me dance!"；

3. 循环十次执行以下内容：
   1) 向右移动 100 步，
   2) 按照 0.25 拍的节奏打鼓；
   3) 向左移动 100 步，
   4) 按照 0.25 拍的节奏打鼓；

4. 当空格键按下时，改变猫咪的颜色，并弹出"Change color!"文本。

图 4-31　图形化代码及代码解释

步骤四　程序执行。当点击"▶"按钮，程序开始执行，程序的执行效果为：猫咪说"Watch me dance!"后开始循环十次跟随鼓点左右移动；当按下空格键时，猫咪改变颜色并提示文字"Change color!"。如图 4-32 所示。

图 4-32　程序执行效果

Scratch 软件安装和无人机相关编程请查看 https://bbs.dji.com/thread-167007-1-1.html。

4.3.5　我有话要说："大疆"无疆

2018 年 8 月 17 日，美国空军一份采购文件显示，美国空军将采购 35 架中国大疆公司生产的商用无人机。要知道就在去年 8 月，这家总部位于深圳，多年来以无人机研发和生产而重塑人们生产和生活方式的中国公司，还曾登上美国军方的"黑名单"。"不要 Tiny Whoop，不要 3DR，不要 Ebee，只要 DJI(大疆) 。"这是 9 月 24 日美国一家无人机专门网站 DroneGirl 对美国空军最近这张采购文件的概括。为什么一定要选大疆？美国空军表示："任务需要是我们的首要考虑因素。"采购文件显示，其他品牌的无人机平台无法满足美国空军执行多种任务时所需的条件，如气候适应性、相机分辨率和续航时间等。美国空军综合其他因素得出结论——除了大疆，我们别无选择。

随着中国企业近年来的崛起，越来越多的中国企业开始在世界展露头角，包括华为、中兴、大疆等一大批中国新时代科技力量，而随着国际贸易形势的变化，这些崛起的科技公司的国际业务也受到了约束和影响。

这些企业成功的因素有哪些？面对复杂的贸易形势它们应当如何应对？

4.4　应用实例 3：无人船

4.4.1　案例分析

　　无人船包括全自主型无人船、半自主型无人船和非自主型无人船三种类型，非自主型无人船主要指遥控无人船艇；半自主型无人船主要依靠提前设定的程序执行特定的任务；全自主型无人船是无人船发展的终极目标，具有自主航行，环境感知和自适应控制等功能。无人船的研究包括船艇设计、路径规划导航、水面物标探测和自动识别、自动避碰避碍、运动控制等多个方面。

　　下面详细介绍一种非自主型无人船的案例。该案例基于小型无人船，结合长距离无线通信(Lora)、第 4 代移动通信(4G)传输模块，设计了一种移动浏览器、服务器(B/S)架构的海洋养殖监测系统。该系统能够自动巡检养殖区域内的水质参数，并将采集的数据储存到云端，终端用户通过浏览器就可以查询观测养殖场的监测数据，方便易用，且可以动态采集多点信息，使监控更加精细化。

　　系统整体架构如图 4-33 所示，分为采集终端、云端和客户端三部分。采集终端为携带传感器及信号传输设备的小型无人船，云端包含带数据库的服务器，客户端为岸基电脑(PC机)或用户手机。

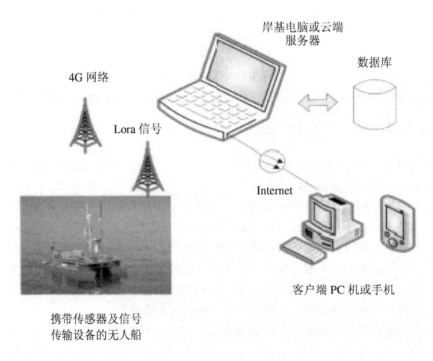

图 4-33　无人船系统整体架构

　　首先，云平台或客户端给出采集点坐标，无人船根据给出的采集点信息，自动规划路径，并按照规划的路径依次采集各个采集点的信息，包括 pH、温度、溶氧等。采集完成后，无人船通过 4G 网络将信息上传至云平台，云平台完成信息的接收及存储，同时向无人船发送确认信息，通过握手确保传输信息的可靠性。若 4G 网络不存在，无人船则通过 Lora 无线通信方式将信息传至现场 PC 机；若存在 Internet 网络，则通过安装在 PC 机的软件将信息上传至云平台。同时，客户端 PC 机或手机可通过数据网络浏览采集数据，接收报警信息等。

4.4.2 相关知识

无人船涵盖的技术领域十分广泛，除传统船舶技术，还涉及多传感器监控系统、自动避碰系统、高可靠高冗余数据传输系统、机电系统、自动故障检测系统、自动导航系统、电子海图系统、智能机器人系统、物联网和大数据技术等。无人船能够自主进行环境检测/目标识别、自主避障/路径规划等。

综合国内外研究现状，目前无人船的关键技术主要涵盖以下几个方面。

1. 航线自动生成与路径规划技术

静态的航线自动生成与路径规划技术大致可分为两大类：

(1) 电子海图分析规划。基于电子海图的航线自动生成与路径规划技术，是通过从电子海图中提取水深、障碍物等信息划分可航行区域和不可航行区域，然后在可航行区域中采用智能搜索算法，如 Dijkstra 算法、A*算法等寻求最短路径。

(2) 基于轨迹分析的航线自动生成与路径规划技术。电子海图规划法提供的可航行区域的最短路径不一定是实际可行的航线，例如，规划的最短路径可能存在逆向行驶的问题。为解决这一问题，基于轨迹分析的航线自动生成与路径规划技术应运而生，该技术以船舶历史轨迹为基础，通过轨迹压缩、轨迹聚类等提取实际可航行路径。

2. 通信技术

无人船的通信技术主要涉及无线电通信、光学通信、水声通信三个方面，通信对象主要是无人船与母船之间、无人船之间，通信的内容主要有母船对无人船的指令信息，无人船实时回传的运动状态信息以及视频信息等，通过媒介在近距离可依靠甚高频通信，远距离可依靠卫星通信。在无人船的通信中，重点解决的是超高频通信与卫星通信信号的海上传输抗衰耗技术、抗多普勒频移技术和抗多种干扰技术问题。

(1) 自主决策与避障技术。为降低无人船对远程操控人员的依赖，同时扩展多无人船协同作战，需要无人船具有较高的自主决策和智能避障功能，以确保无人船可以独立执行中长期远程探测、信息搜集等任务。自主决策与避障技术是无人船实现高智能化和自主化的关键一步。

(2) 水面物标探测与目标自动识别技术。水面物标探测与目标自动识别技术是实现船舶自主决策与自动避障技术的重要基础。由于无人船形体较小，受波浪等因素影响较大，自由度运动较为剧烈，因此水面物标探测与目标自动识别技术首先要解决视频稳像问题和图像质量增强与平滑问题；其次要解决信噪比低和动态背景下的目标检测技术问题。据此提出了一种基于光视觉和水面图像处理技术，并将经典的跟踪方法 Mean-Shift 搜索模型和 Kalman 滤波预测模型用于水面图像中目标位置信息跟踪，融合两者自身的优势，提升了跟踪速度，降低了目标尺度变化的影响。

4.4.3　技术体验 1：无人船 GPS 导航

无人船的航行与定位离不开 GPS 导航，通过 GPS 输出位置、时间、航向、航速等参数。本节通过"GPS 工具箱"这款 APP，阐述无人船在航行过程中的 GPS 导航信息输出过程。

步骤一　下载"GPS 工具箱"APP。该 APP 的图标如图 4-34 所示。

图 4-34　GPS 工具箱桌面图标　　　　　　技术体验 1：无人船 GPS 导航

步骤二　点击运行"GPS 工具箱"，开启手机的 GPS 功能，手机会自动搜索卫星。初次定位时间较长，不同手机搜索卫星的时间不一。搜索成功后会在主页界面上显示纬度、经度、海拔、测量精度、实时卫星数量和位置信息。将该位置信息通过微信分享，如图 4-35 所示。

步骤三　体验指南针功能。如图 4-36 所示，点击进入"指南针"功能页面，点击右上角的"水平仪"进行水平校准，回到指南针界面，此时显示当前的磁场强度和南北指向。

图 4-35　主页显示信息　　　　　　　　　图 4-36　指南针功能

步骤四　完成线路追踪功能。点击主页面，选择"线路追踪"；点击左下角的"开始"按钮，开始进行路线行走；当路线行走结束时，点击"结束"按钮，此时界面上显示行走的路径信息。打开"历史记录"可查看历史行走路线。历史路径如图 4-37 所示。

图 4-37 线路追踪及历史路径

步骤五 测试地图上两点距离。如图 4-38 所示,点击主页面"线路测量",进入测量图页;点击右上角的尺子按钮,选择起始点和结束点,测量两点的距离,并显示具体距离信息并保存线路信息。

图 4-38 测距功能

4.4.4 技术体验 2:无人船自主避碍

无人船在航行过程中,通过传感器感知其规划路线上存在的动态或静态的障碍物,按照一定的算法实时更新路径,躲开障碍物,最终到达目的地。

本章节将通过具体阐述 YF-10 超声波传感器模块来具体说明在无人船自主避碍的过程中，通过测距来实现自主避碍。该模块的检测距离为 30～4000 mm，低于 30 mm 为盲区，检测不到。

超声测距的软件内部流程如图 4-39 所示。

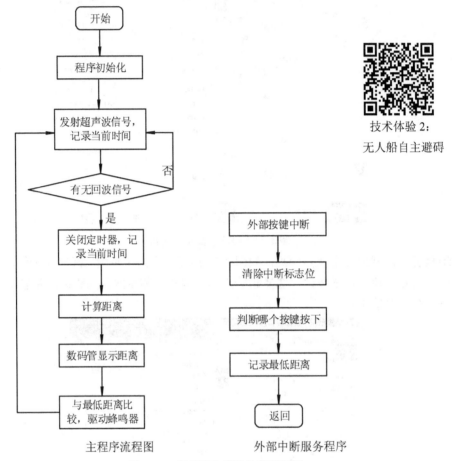

技术体验 2：

无人船自主避碍

图 4-39 超声波传感器软件流程图

YF-10 超声波传感器的操作步骤如下：

步骤一 使用三节 5 号干电池组装好的电池盒为传感器供电，其中正负极如图 4-40 所示标记。

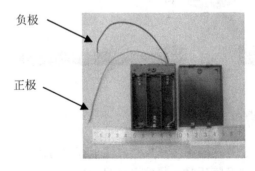

图 4-40 电池盒示意图

步骤二 上电正常后，超声传感器带数码管的一侧有红色的指示灯亮起，此时传感器上电正常，若如图标注所示的指示灯没有亮起，则说明传感器板卡故障，如图4-41所示。

指示灯

图4-41 超声波传感器上电

步骤三 设置最小检测距离。当测试距离小于该设置距离时，蜂鸣器报警。设置方法为：点击传感板卡的K1和K2按键，K1按键为"距离+"功能，K2按键为"距离−"功能。

步骤四 在超声探头端放置障碍物，障碍物距超声探头的实际距离分别为1 cm、3 cm、5 cm、10 cm、15 cm；分别记录数码管显示的测量距离，验证超声波测量距离的精度，如图4-42所示。

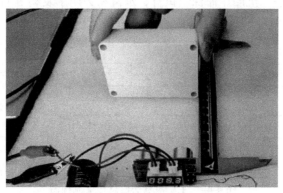

图4-42 超声波传感器测量距离

4.4.5 知识拓展

1. 声呐的基本原理

声呐是一种非常重要的海军装备，随着潜艇等水下武器的使用而受到各国极大的重视。用于测绘和军事领域的无人船也具备声呐系统，这里，我们在水中进行观察和测量，具有得天独厚条件的只有声波。这是由于其他探测手段的作用距离都很短，光在水中的穿透能力很有限，即使在最清澈的海水中，人们也只能看到十几米到几十米内的物体；电磁波在水中也衰减太快，而且波长越短，损失越大，即使用大功率的低频电磁波，也只能传播几十米。然而，声波在水中传播的衰减就小得多，在深海声道中爆炸一个几公斤的炸弹，在两万公里外还可以收到信号，低频的声波还可以穿透海底几千米的地层，并且得到地层中的信息。在水中进行测量和观察，至今还没有发现比声波更有效的手段。图 4-43 为声呐在水中传播的示意图。

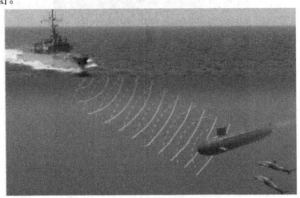

图 4-43　声呐在水中传播

2. 声呐分类

声呐按照工作方式可分为主动声呐和被动声呐。

(1) 主动声呐。主动声呐技术是指声呐主动发射声波"照射"目标，而后接收水中目标反射的回波以测定目标的参数。主动声呐大多数采用脉冲体制，也有采用连续波体制的。主动声呐由简单的回声探测仪器演变而来，它主动地发射超声波，然后收测回波进行计算，适用于探测冰山、暗礁、沉船、海深、鱼群、水雷和关闭了发动机的隐蔽潜艇。主动声呐的信息传播流程如图 4-44 所示。

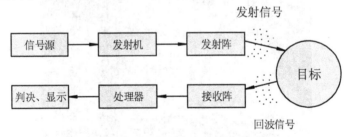

图 4-44　主动声呐的信息传播流程图

(2) 被动声呐。被动声呐技术是指声呐被动接收舰船等水中目标产生的辐射噪声和水声设备发射的信号，以测定目标的方位。被动声呐由简单的水听器演变而来，它收听目标发出的噪声，判断出目标的位置和某些特性，特别适用于不能发声暴露自己而又要探测敌舰活动的潜艇。被动声呐的信息传播流程如图 4-45 所示。

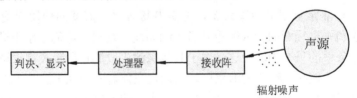

图 4-45　被动声呐的信息传播流程图

3. 影响声呐工作性能的因素

(1) 声呐本身的技术状况：包括声呐自身的精度和稳定性、可靠性。

(2) 外界条件的影响：比较直接的因素有传播衰减、混响干扰、海洋噪声、自噪声、目标反射特征或辐射噪声强度等，它们大多与海洋环境因素有关。例如，声波在传播途中受海水介质不均匀分布和海面、海底的影响和制约，会产生折射、散射、反射和干涉，会产生声线弯曲、信号起伏和畸变，造成传播途径的改变以及出现声阴区，严重影响声呐的作用距离和测量精度。现代声呐根据海区声速和深度变化形成的传播条件，可适当选择基阵工作深度和俯仰角，利用声波的不同传播途径(直达声、海底反射声、会聚区、深海声道)来克服水声传播条件的不利影响，提高声呐探测距离。又如，运载平台的自噪声主要与航速有关，航速越大自噪声越大，声呐作用距离就越近，反之则越远；目标反射本领越大，被对方主动声呐发现的距离就越远；目标辐射噪声强度越大，被对方被动声呐发现的距离就越远。

参 考 文 献

[1] 陈鸿，郭露露，边宁. 对汽车智能化进程及其关键技术的思考[J]. 科学导报，2017，35(11)：52-59.

[2] BERNHARTW，WINTERHOFFM，HOYESC，et. al. Autonomous Driving [M]. Springer International Publishing，2016.

[3] 晏欣炜，朱政泽，周奎，等. 人工智能在汽车自动驾驶系统中的应用分析[J]. 湖北汽车工业学院学报，2018(3)：40-46.

[4] 于民. 机载计算机关键技术的研究[J]. 计算机工程，1994(5)：41-46.

[5] 张树凯，刘正江，张显库，等. 无人船艇的发展及展望[J]. 世界海运，2015，38(9)：29-36.

[6] 高炳，严健雄，王磊，等. 智能船舶主要技术分析与小型无人船研发[J]. 船舶，2019，30(2)：21-36.

[7] YAN R J，PANG S，SUN H B. Development and missions of unmanned surface vehicle[J]. Jouurnal of Marine Science and Appliaction，2010(4)：451-457.

[8] 刘清. 基于激光雷达的三维目标检测[D]. 武汉：华中科技大学，2011.

[9] KRAUS K，PFEIFER N. Determination of terrain models in wooded areas with airborne laser scanner data[J]. ISPRS Journal of Photogrammetry and Remote Sensing，1998，53(4)：193-203.

[10] 严浙平，赵玉飞，陈涛. 海洋勘测水下无人航行器的自主控制技术研究[J]. 哈尔滨工程大学学报，2013，34(9)：1152-1158.

习题

第五章　智能助理

当你需要求助于医生时，可以直接联系在线医生做初步诊断；当你需要就医时，可以直接通过医疗助理进行网上预约；当你置身于陌生环境时，交通助理(如百度地图)可以为你规划完美路线；当你忙于工作无暇就餐时，各种外卖平台为你提供多种饮食选择；此外，金融助理可以让你足不出户就可以实现财务的完美规划。以上种种的个人助理都与我们的生活息息相关，在很大程度上节约了时间成本，方便了我们的生活。"手机在手，天下我有"的时代已经悄然而至，以手机为载体的智能助理已经融入我们生活的各个层面。

5.1 应 用 场 景

智能助理也可以看做是任务导向的聊天机器人，实现逻辑与聊天机器人相似，但是多了业务处理的流程，智能助理会根据对话管理返回的结果进行相关业务的处理。一个包括语音交互的聊天机器人的架构如图 5-1 所示。

图 5-1　语音交互的聊天机器人架构

一般聊天机器人由语音识别(ASR)、自然语言理解(NLU)、对话管理(DM)、自然语言生成(NLG)、语音合成(TTS)几个模块组成。

(1) 语音识别：完成语音到文本的转换，将用户说话的声音转化为语音。语音识别技术所涉及的领域包括信号处理、模式识别、概率论和信息论、发声机理和听觉机理、人工智能等。

(2) 自然语言理解：完成对文本的语义解析，提取关键信息，进行意图识别与实体识别。自然语言理解涉及了计算机科学、人工智能和计算语言学，涵盖了以人类理解的方式解释和生成人类语言的所有机制，如语言过滤、情感分析、主题分类、位置检测等。

(3) 对话管理：负责控制人机对话的过程，即根据用户当前的咨询信息和历史对话信息，决定当前的反应策略。最常见的应用为任务驱动的多轮对话。用户需求比较复杂，带着明确的目的如订餐、订票等，有很多限制条件，可能需要分多轮进行陈述，一方面，用户在对话过程中可以不断修改或完善自己的需求；另一方面，当用户陈述的需求不够具体或明确的时候，机器也可以通过询问、澄清或确认来帮助用户找到满意的结果。

(4) 自然语言生成：生成相应的自然语言文本。自然语言生成技术是人工智能和计算语言学的一个分支。

(5) 语音合成：将生成的文本转换为语音。语音合成技术涉及声学、语言学、数字信号处理、计算机科学等多个学科技术。

通常情况下，智能助理与用户之间完整的交互流程如下：

(1) 音频被记录在设备上，经过压缩传输到云端：音频记录通常采用的是降噪算法，以便云端的处理器更容易理解用户的命令；然后使用"语音到文本"平台将音频转换成文本命令，即通过指定的频率对模拟信号进行采样，将模拟声波转换为电脑可识别的数据，通过分析数据来确定音素出现的位置，最后使用相关算法来确定对应的文本。

(2) 使用自然语言理解技术来处理文本：综合应用语言学知识，以切分音节和单词，分析句法和语义，最后推断出句子的含义。

(3) 进入对话管理模块，管理整个对话的流程：当对话管理模块认为用户提供的信息不全或者模棱两可时，就要维护一个多轮对话的语境，不断引导式地询问用户以得到更多的信息，或者提供不同的可能选项让用户选择；然后，根据得到的完整信息进行相应的业务处理或执行命令；同时将结果生成自然语言文本，并由语音合成模块将生成文本转换为语音。

高速发展的人工智能技术已经渗透到社会的各个领域，对传统的经济结构、社会生活和工作方式产生了深远地影响，通过改良创新，为多个行业提供新的辅助性工具，促进行业的进步，在金融、交通、健康、教育等诸多领域起到积极作用。

5.1.1 金融

2018 年 4 月 9 日，国内首家"无人银行"落户上海九江路段，这家建设银行网点没有一个工作人员，如图 5-2 所示。保安被人脸识别的闸门和精密的摄像头取代；大堂经理被会微笑说话的机器人取代；柜员被更高效率的智能柜员机取代。这里虽然没有人，但 90% 以上现金及非现金业务都能办理。对于 VIP 客户复杂的业务，客户只需戴上耳机和眼镜，远程一对一也可办理。

"无人银行"就是一个高科技应用科普展厅，目前"无人银行"能覆盖物理柜台业务的 90% 以上。人工智能摄像机充当着保安角色，其自动报警模式包括徘徊、离岗、人员间距、人数的异常、倒地、剧烈运动、奔跑等行为。充当客户经理的智能机器人叫"小龙人"，作为银行工作人员，她会与客户交谈，然后对银行卡账目信息进行核对(她随身携带密码键盘)，并且能够回答基本的问题。在与"小龙人"进行初步交谈之后，顾客将通过电子门，他们的面部和身份证会在这里接受扫描，顾客以后再来这家银行的时候，仅凭借面部识别就能自动开启大门和调取客户信息。在银行里面，自动柜员机能够提供开户、转账和外汇等服务。此外，还有一个房间，客户可以远程视频连线人工柜员。在这里，黄金等理财投资品也有一席之地，不过并非以实物形式展示，而是通过全息成像显示屏让消费者看到与实物一模一样的金条等产品的立体影像，客户可以通过扫码购买，享受邮寄到家服务。

图 5-2　无人银行

"无人银行"还是一个拥有 5 万册图书的图书馆，是一个 AR、VR 多项技术的"游戏厅"。因此，客户在办理相关金融业务时，可以享受免费阅读电子图书的服务，并通过 AR、VR 技术体验银行服务。此外，客户还可在智能售货机上领取免费饮品，体验机器人自动拍照留念服务。

5.1.2　医疗

医疗是人工智能的重要应用领域，医疗大数据等智能化医疗手段和技术的应用已在国内各大医院初露锋芒，其应用技术主要包括语音录入病历、医疗影像辅助诊断、药物研发、医疗机器人、个人健康大数据的智能分析等。

1. 计算机视觉技术对医疗影像智能诊断

人工智能技术在医疗影像的应用主要指通过计算机视觉技术对医疗影像进行快速读片和智能诊断。医疗影像数据是医疗数据的重要组成部分，人工智能技术能够通过快速准确地标记特定异常结构来提高图像分析的效率，以供放射科医生参考。图像分析效率的提高，可让放射科医生腾出更多的时间聚焦在需要更多解读或判断的内容审阅上，从而有望缓解放射科医生供给缺口的问题。

2. 基于语音识别技术的人工智能虚拟助理

电子病历是指记录医生与病人的交互过程以及病情发展情况的电子化病情档案，包含病案首页、检验结果、住院记录、手术记录、医嘱等信息。一方面，通过语音识别、自然语言处理等技术，将患者的病症描述与标准的医学指南作对比，为用户提供医疗咨询、自诊、导诊等服务；另一方面，智能语音录入可以解放医生的双手，帮助医生通过语音输入完成查阅资料、文献精准推送等工作，并将医生口述的医嘱按照患者基本信息、检查史、病史、检查指标、检查结果等形式形成结构化的电子病历，大幅提升了医生的工作效率。

3. 从事医疗或辅助医疗的智能医用机器人

医用机器人种类很多，按照其用途不同，有临床医疗用机器人、护理机器人、医用教学机器人和为残疾人服务的机器人等。随着我国医疗领域机器人的应用被逐渐认可和各诊疗阶段应用的普及,医用机器人尤其是手术机器人,已经成为机器人领域的"高需求产品"。手术机器人视野更加开阔,手术操作更加精准,可以最大程度地减小创伤面和失血量,有利于患者伤口愈合,减轻患者的疼痛,如图 5-3 所示。在传统手术中,医生需要长时间手持手术工具并保持高度紧张状态,而手术机器人的广泛使用对医疗技术有了极大提升。

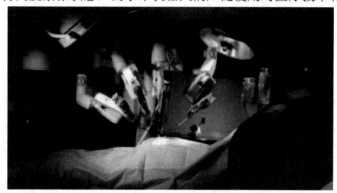

图 5-3　手术机器人

4. 分析海量文献信息加快药物研发

人工智能助力药物研发,可大大缩短药物研发时间、提高研发效率并控制研发成本。目前我国制药企业纷纷布局人工智能领域,主要应用在新药发现和临床试验阶段。对于药物研发工作者来说,他们没有时间和精力关注所有新发表的研究成果和大量新药的信息,而人工智能技术恰恰可以从这些散乱无章的海量信息中提取出能够推动药物研发的知识,提出新的可以被验证的假说,从而加速药物研发的过程。

5. 基于数据处理和芯片技术的智能健康管理

通过人工智能的应用,健康管理服务也取得了突破性的发展,尤其以运动、心律、睡眠等检测为主的移动医疗设备发展较快。通过智能设备对身体进行检测,可以快速检测出血压、心电、脂肪率等多项健康指标,然后将采集到的健康数据上传到云数据库形成个人健康档案,并通过数据分析建立个性化健康管理方案。同时通过了解用户个人生活习惯,经过人工智能技术进行数据处理,对用户整体状态给予评估,并提出个性化健康管理方案,辅助健康管理人员帮助用户规划日常健康安排,进行健康干预等。依托可穿戴设备和智能健康终端,持续监测用户生命体征,提前预测险情并处理。

5.1.3　智能家居

随着智能技术越来越成熟,智能家居的发展迎来了高速时期,智能路由、智能插座、智能家电等智能家居设备都让人们体验到智能科技带来的便利和舒适。智能家居主要是通过物联网,以家庭住宅为平台,为家庭提供家电控制、照明控制、电话远程控制、室内外遥控、防盗报警、环境监测、暖通控制等多种功能和手段,让住宅不仅具有传统的居住功能,并且兼备为网络通信、信息家电提供全方位信息交互的功能,为能源节约也做出了贡献。

在硬件方面,智能设备最为大家熟悉的是智能手机,如苹果、华为、OPPO 等知名手机厂商所推出的智能单品,便携、简单的设计帮助人们方便快捷地融入智能生活。在软件方面，互联网提供的软件服务主要包括基于云端服务来进行平台开发以及独立应用软件两个方面。基于云端开发可以通过大数据深度分析用户各方面的使用习惯，从而不断改进更新产品以适应用户的需求。例如基于天气温度的高低判断空调是否启动，基于空气污染程度判断是否开启空气净化器等，这些将会进一步方便用户的生活。

　　未来的智能家居应该更加注重智能化、人性化，通过管家式的服务帮助家庭的各个成员解决各种日常起居生活问题，让科幻片中的场景成为现实，让你在充满高科技的家里一动不动便可以随意掌控自己的生活。

5.1.4　交通出行

　　出行领域是人工智能产品应用比较早的领域之一，除了自动驾驶、辅助驾驶这些热门研究领域外，路线规划已经成为每个人手机中必备的交通助手。其中，百度地图是该领域的佼佼者，为用户提供包括智能路线规划、智能导航(驾车、步行、骑行)、实时路况等出行相关的服务。百度地图具有易用性、丰富性和准确性的特点。

1. 易用性

　　支持智能语音、小度助手、AR 地图和 iOS12 CarPlay。实现了地图智能语音全面覆盖，支持多途径点路线查询、发起导航、查询精准兴趣地点、限号、天气等，"小度小度"全端唤醒，语音全方位操控，导航中同步支持目的地变更、路线变更、路况查询等操作。小度助手通过用户画像、深度学习等能力，结合用户使用习惯、当前场景，提供个性化信息和服务推荐。AR 地图为用户提供沉浸式实景导航体验，如图 5-4 所示。iOS12 CarPlay 提供驾车路线规划、发起导航、查看图区与实时路况、语音检索等服务。

图 5-4　实景导航

2. 丰富性

与民生相关的地图有政务便民地图、司机实用地图、医保医院药店地图、异地医保地图、充电桩地图、雾霾地图等；国际地图为用户提供制定专属旅程路线服务，并可以语音播报景点介绍，实现热门旅游城市地铁路线信息覆盖；此外，百度地图室内已覆盖全国 4000多个大型购物中心、机场及医院等场馆，可分楼层分品类精细展现大型建筑内部的位置信息；全景地图覆盖 600 余座城市的街道全景及上万个目的地的内部环境全景。

3. 准确性

百度地图路网采集基于自动驾驶、无人驾驶，独创图像自动识别分析技术，极大地提升采集效率且保证每日更新采集数据；利用用户轨迹大数据，结合 AI 分析，突破轨迹匹配、分类等基础技术，快速、精准挖掘真实世界中道路的通行变化，及时准确地展示路况拥堵详情，实现智能避堵，引导用户错峰出行；长途天气提醒的人性化服务，使用户驾车更安心；百度地图智行采用混合算路引擎，提供多样化交通方式的组合：步行、骑行、公交等，智能规划多方案路线，使用户出行更便捷。

5.1.5　教育

在 2019 年的国际人工智能与教育大会上，中国教育部部长陈宝生在会上作主旨报告时表示，要让学生对人工智能有基本的意识和概念，产生基本的兴趣；要将产业界的创新创造及时转化为教育技术新产品，提供更多更优的人工智能教育基础设施，助力实现因材施教，构建智能化的终身教育体系。随着人工智能在教育领域的落地应用，一方面是减轻了老师的重复性工作量、解放了家长，另一方面使得学生可以得到更多的个性化指导。

1. 自动化管理任务

在日常的教学工作中，教师有很大一部分时间用于对学生家庭作业的批改和对考试的评分等一系列重复繁重的工作中。人工智能的介入，可以快速高效并保证质量地完成这些任务，同时能够系统地为学生建立精准的学习报告，给老师教学提供依据。随着人工智能逐步实现自动化管理任务，人工智能还可以系统地为老师提供多种教学资料，使老师将更多精力放在与学生的情感交流上。

2. 课外辅导和支持

辅导作业是多数小学生家长们的噩梦，而陪伴则几乎是所有家庭在儿童教育上的痛点。各种智能学习软件、机器人等人工智能的协助，使作业辅导和学习变得越来越先进，也使父母对孩子的教育相对轻松了一些，能够有更多的精力去关注儿童的心理成长，培养儿童的社会能力。目前的智能学习辅导，是以认知模型、知识模型、环境模型的构建为基础，应用在学习、诊断、练习、测评等环节中，不仅提高了儿童的学习效率，还更大程度地激发了他们的学习兴趣。

3. 差异化和个性化学习

因材施教是教学中一项重要的教学方法和教学原则，这就要求在教学中需要根据学生的认知水平、学习能力以及自身素质，选择适合每个学生特点的学习方法来有针对性地教学，发挥学生的长处，弥补学生的不足，从而激发学生学习的兴趣，树立学生学习的信心，从而促进学生全面发展。但是基于我国应试教育的背景，仅靠教师的力量，这几乎是不可能实现的。然而，人工智能为学生提供了差异化学习的平台。智能教学设计和数字平台，利用人工智能为学生提供学习、测试和反馈，为他们准备好挑战，通过人工智能算法，准确标注知识短缺，并在适当的时候开展新的课题。随着人工智能在教育中的不断完善、创新和发展，机器还可能会阅读学生表情传达的信息，并据此修改课程，以适合该学生学习。

4. 为所有学生提供普遍的机会

人工智能打破了传统学校、传统年级之间的隔阂，打破了语言的限制，可以向所有人提供全球化的教室，包括有视觉、听觉障碍的人群。此外，人工智能也为那些因病无法上学，或者需要在不同水平上学习，或者有特定学习需求的人群，提供了更为便捷地获取知识的途径。还有更多的人工智能正在应用于教育，包括人工智能导师、虚拟校园等，这将使更多的人受到人工智能的普惠。

5.2　应用实例：智能助理

机器人与人的行为交互应体现自主性、安全性和友好性等几个重要特征：自主性是指避免机器人对服务对象的过分依赖，可以根据比较抽象的任务要求，结合环境变化自动设计和调整任务序列；安全性是指通过机器人的感知和运动规划能力，保证交互过程中人的安全和机器人自身的安全；友好性则体现了人作为服务对象对机器人系统提出的更高要求，即通过自然的，更接近人与人之间交流的方式来实现人机对话。

目前苹果、谷歌、微软、亚马逊已投入大量资源，积极研发并推出了 Siri、Google Assistant、Alexa、Cortana 等具有代表性的智能助理。而国内互联网三大巨头 BAT 也通过组建实验室、招募人工智能高端人才等方式紧锣密鼓地发布了百度度秘、阿里小蜜、腾讯叮当等，力图从智能助理的场景切入，完成在未来人工智能市场的布局。下面以度秘为例来体验智能助理。

5.2.1　案例分析

随着技术的进步，人们获取信息的方式也越来越快捷。不再局限于传统的键盘鼠标等方式的输入，人们也可以利用最为高效、最为自然的语音方式，甚至是拍照搜索的方式便捷快速地获得所求。与传统的搜索不同，在复杂的需求中，度秘会与用户进行多轮沟通，充分理解用户的意图，最终给出准确的反馈。而语音理解以及多轮对话，是百度人工智能领先技术在度秘中的完美应用。

通过百度强大的自然语言理解能力和全网数据信息的检索以及对海量信息的深度挖掘和聚合，用户不再需要从众多的信息中进行筛选，度秘会将最符合预期的结果展现在用户面前。从而缩短用户获取信息和服务的路径，减少其中的判断成本。与此同时，度秘后端接入了完善的衣食住行的服务生态，通过大数据智能推荐技术，度秘彻底打通服务供需双方的数据，实现用户需求与生活服务的精准匹配，如图 5-5 所示。

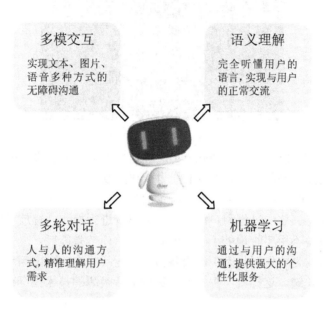

多模交互
实现文本、图片、语音多种方式的无障碍沟通

语义理解
完全听懂用户的语言，实现与用户的正常交流

多轮对话
人与人的沟通方式，精准理解用户需求

机器学习
通过与用户的沟通，提供强大的个性化服务

图 5-5 度秘功能

度秘应用的背后，是以百度大脑为核心的一系列人工智能技术，包括语音识别、自然语言处理、用户画像、图像处理等。度秘将这些尖端技术实体化，使其可以被普通用户简单快捷地使用，也因此创造了一种更加便利、及时、有序的生活方式。

随着人工智能技术的发展，语音对话式的交互可以进一步降低用户获取信息的门槛，让更多人享受科技带来的红利。语音技术和人性化的操作方式不仅能让智能硬件的操作更简单、聪明、便捷，还能提供更多丰富、有用、可靠的互联网服务内容，帮助人们解决日常实际问题，实现智慧化的生活方式。

5.2.2 技术体验 1：语音唤醒

在体验语音唤醒技术之前，首先要了解一下什么是唤醒词。语音交互的过程和我们平时与人交流的方式非常相似。比如某天早上你去上班，碰到了办公室同事小张在你前面，于是你喊了一声"小张"，小张听到回头看看是谁在叫他，这说明小张接到了你的指令，当你再继续谈话时，他就能及时做出响应。那么你喊出的那声"小张"，对于智能产品来说就是唤醒词。语音唤醒的

技术体验 1：语音唤醒

应用领域非常广泛，比如各种机器人、手机、可穿戴设备、智能家居、车载、智能音响等。几乎所有携带语音功能的设备，都会需要语音唤醒技术作为人和机器互动的一个开始或入口，就像人的名字一样。不同的产品会有不同的唤醒词，当用户需要唤醒设备时，只需要说出特定的唤醒词。如图 5-6 所示，百度地图的唤醒词是"小度小度"。

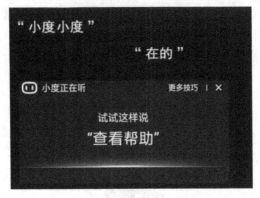

图 5-6　百度地图语音唤醒

语音唤醒简称 KWS(Keyword Spotting)，就是在连续不断的语音中检测出关键词。语音唤醒已经成为智能产品的一项重要 AI 能力。智能设备在被唤醒前，已经提前加载好资源，并使自己处于休眠状态。当用户说出特定的唤醒词时，设备就会被唤醒，切换到等待用户指令的工作状态。这一过程用户可以直接用语音进行操作，解放了双手；同时，利用语音唤醒机制，设备不用实时地处于工作的状态，从而节省能耗。

语音唤醒的目的是将休眠状态中的设备激活至运行状态，所以唤醒词检测的"实时性"是语音唤醒技术的关键。这样就产生了四个评价语音唤醒的技术指标：唤醒率、误唤醒、响应时间和功耗水平。

(1) 唤醒率：用户交互的成功率，专业术语为召回率，即 Recall。

(2) 误唤醒：用户未进行交互而设备被唤醒的概率，一般按天计算，如最多一天一次。

(3) 响应时间：从用户说完唤醒词后到设备给出反馈的时间差。

(4) 功耗水平：唤醒系统的耗电情况。很多智能设备是通过电池供电的，需要满足长时续航。

语音唤醒的技术路线大致分为三种：基于模板匹配的 KWS、基于 HMM-GMM(Hidden Markov Model-Gaussian Mixture Model，隐马尔可夫模型-高斯混合模型)的 KWS 和基于神经网络的方案。

(1) 基于模板匹配的 KWS 技术。其训练和测试的步骤比较简单，训练就是依据注册语音或模板语音进行特征提取，构建模板。测试时，通过特征提取生成特征序列，计算测试的特征序列和模板序列的距离，基于此判断是否唤醒。

(2) 基于 HMM-GMM 的 KWS。它将唤醒任务转换为两类识别任务，识别结果为 keyword 和 non-keyword。

(3) 基于神经网络的方案。神经网络方案又可细分为三类：第一类是基于 HMM 的 KWS，同第二代唤醒方案不同之处在于，声学模型建模从 GMM 转换为神经网络模型；第二类融入神经网络的模板匹配，采用神经网络作为特征提取器；第三类是基于端到端的方案，输入为语音，输出为各唤醒的概率，一个模型即可解决。

语音唤醒的技术难点主要是低功耗要求和高效果需求之间的矛盾。一方面，智能设备多数采用电池供电，因此要求唤醒的能耗尽量减少；另一方面，用户对唤醒的效果提出了越来越高的需求。要解决这个矛盾，通常采用模型深度压缩策略，减小模型大小并保证效果下降幅度可控；而对于高效果需求，一般是通过模型闭环优化来实现的。先提供一个效果可用的启动模型，随着用户的使用，进行闭环迭代更新，整个过程完成自动化，无须人工参与。

语音唤醒应用范围非常广泛，其使用介质主要是语音助手，目前大部分智能手机系统均内置了智能语音助手，如苹果的 Siri、三星的 Bixby、华为的小 E、vivo 的 Jovi、OPPO 的 Breeno 等。下面以 vivo 手机为例，来体验语音唤醒技术，具体操作步骤如下：

步骤一　进入手机设置，如图 5-7 所示。

图 5-7　手机设置

步骤二　进入 Jovi，如图 5-8 所示。

图 5-8　Jovi 设置入口

步骤三　进入语音助手，如图 5-9 所示。

步骤四　开启语音唤醒，如图 5-10 所示。

图 5-9　Jovi 语音助手　　　　　　　　图 5-10　Jovi 语音助手设置界面

步骤五　唤醒往往需要大量的训练数据才能够生成模型，来保证用户日常使用的唤醒率。这里首先选择唤醒词，然后，点击开始训练，如图 5-11 所示。

步骤六　根据提示录入唤醒词(此操作需要重复 4 次)，如图 5-12 所示。

图 5-11　唤醒词选择

图 5-12　唤醒词训练

步骤七　录入 4 次后会显示唤醒词录入成功，说出唤醒词就可以唤醒 Jovi 助手，如图 5-13 所示。

图 5-13　唤醒词录入成功界面

5.2.3　技术体验 2：智能交互

我们常用的智能交互流程如图 5-14 所示，下面以 OPPO 手机自带的语音助手为例来体验智能交互技术。

语音交互节点

唤醒　｜　响应　｜　输入　｜　理解　｜　反馈

图 5-14　智能交互流程图

技术体验 2：智能交互

OPPO 自行开发设计的小欧语音助手，不仅可以与用户进行简单地问答，还可以与用户进行智能交互，进行询问天气、打开应用、查询附近餐厅和银行、安排提醒事项和会议等。此外，小欧助手还有强大的离线功能，在没有网络连接的情况下也可以调出打电话、发短信等手机应用。

1. 打电话

首先唤醒小欧语音助手，测试打电话：语音录入"打电话 XX/打个电话给 XX/给 XX 打电话"即可直接拨号给指定的联系人，如图 5-15 所示。

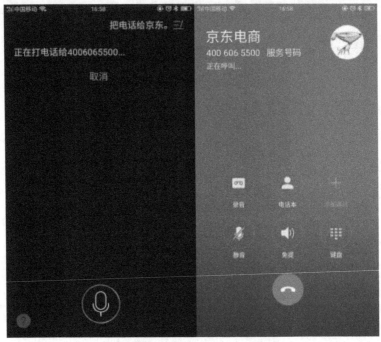

图 5-15　小欧助手打电话

2. 查地图

测试查地图：语音录入"香洲总站到金湾怎么走？"即可快速进入对应的地图 APP，进行定位以及行走路线筛选，如图 5-16 所示。

图 5-16　小欧助手查路线

3. 在线翻译

测试在线翻译命令：语音录入"桌子英语怎么说？/电脑英语怎么说？"如图 5-17 所示。

图 5-17 小欧助手在线翻译

4. 日程提醒功能

测试日程提醒命令：语音录入"提醒我明天 12 点开会"即可通过小欧新建日程提醒，如图 5-18 所示。

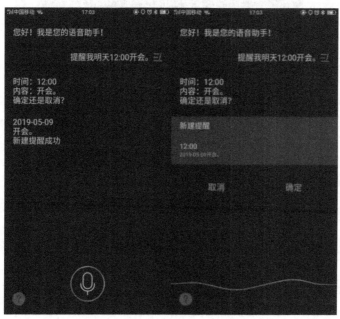

图 5-18 小欧助手建立日程提醒

5.2.4　知识拓展

　　1999 年开始陆续上映的《黑客帝国》三部曲，讲述了一个脑洞超大、气势恢宏的故事，在这部影片中，机器人已经产生了自我意识，并通过脑机接口为其控制的人类制造出了一个虚拟社会，堪称机器文明和人类文明的进化史。这里讲述的机器人、脑机接口等黑科技，也许就是人工智能未来的发展终点。下面我们简单了解一下智能机器人和脑机接口的相关知识。

　　1. 智能机器人

　　智能机器人是具有感觉能力、思考能力和反应能力的人工智能。机器人内部和外部的多种传感器相当于人类的耳、鼻、眼等五官，具备视觉、听觉、触觉、嗅觉等功能，这些功能通常是利用诸如摄像机、图像传感器、超声波传感器、激光器、导电橡胶、压电元件、气动元件、行程开关等机电元器件来实现的；效应器相当于人类的"筋肉"和"手脚"，具备活动反应能力，这种能力通过对无轨道型的移动机构进行实时控制，来适应诸如平地、台阶、墙壁、楼梯、坡道等不同的地理环境；中央处理器则相当于人类的"大脑"，负责处理感觉传感器搜集的信息，这里包含了逻辑判断、分析、理解等信息处理过程，最后通过指挥活动器官对外界做出适当的反应。

　　如图 5-19 所示，腱悟郎是由日本东京大学一个研究小组研发的骨骼肌肉机器人，它拥有模拟肌肉运动的制动器，所以它不仅可以发热，有趣的是它还会流汗。它可以完成俯卧撑、引体向上等动作，甚至打羽毛球。研究人员称，Kengoro 的灵活度是人类的 6 倍，创造它的目的是让人类在各种无法完成的测试中增加可行性，比如汽车碰撞测试。

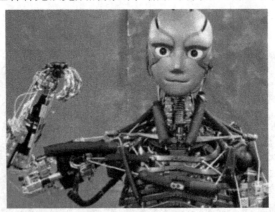

图 5-19　腱悟郎(Kengoro)

　　根据智能程度的不同，可以将智能机器人分为工业机器人、初级智能机器人和高级智能机器人。

　　第一代机器人是工业机器人，它们只能死板地按照人给它规定的程序工作，不能随外界条件的变化而自适应变动，必须由人对程序作相应改变，所以，这类机器人是不具备思考和逻辑判断能力的。

　　第二代机器人是初级智能机器人，这类机器人已经具有一定的感受、识别、推理和判断能力，可以根据外界条件的变化，在一定范围内自行修改程序并对自己做出一定程度上的调整。不过，修改程序的原则是由人预先设定好的，这种初级智能机器人已经拥有一定的智能，虽然还没有自动规划能力，但已经开始走向成熟，达到了实用的水平。目前，在金融、医疗、零售、交通、政府领域都能见到初级智能机器人的身影。

第三代机器人是高级智能机器人，这类机器人除了具有初级智能机器人的能力外，还应该能够通过学习，在一定范围内自行修改程序，具备一定的自动规划能力，不再需要人的照顾，能够自己安排工作并独立完成，故也称为高级自律机器人。

如图 5-20 所示，阿尔法狗(AlphaGo)是第一个战胜世界围棋冠军的智能机器人，其主要工作原理是"深度学习"。"深度学习"是指多层的人工神经网络和训练它的方法。AlphaGo的早期版本 Master，结合数百万人类围棋专家的棋谱以及强化学习的监督学习进行了自我训练，并通过两个不同神经网络"大脑"合作来下棋。这些"大脑"就是多层神经网络，能够做分类和逻辑推理。AlphaGo 改进版本 Zero 的能力在 Master 的基础上又有了质的提升。最大的区别是，它不再需要人类数据，只是从单一神经网络开始，通过神经网络强大的搜索算法，进行了自我对弈。随着自我博弈的增加，神经网络逐渐调整，提升预测下一步的能力，最终赢得比赛。更为厉害的是，随着训练的深入，阿尔法围棋团队发现，AlphaGoZero 还独立发现了游戏规则，并走出了新策略，为围棋这项古老游戏带来了新的见解。

图 5-20 柯洁对战阿尔法狗

随着社会发展的需要和机器人应用领域的扩大，人们对智能机器人的要求也越来越高。智能机器人所处的环境往往是未知的、难以预测的，在研究这类机器人的过程中，主要涉及的关键技术包括多传感器信息融合、导航与定位、路径规划、机器人视觉、智能控制、人机接口等。

2. 脑机接口技术

我们在缅怀英国著名物理学家斯蒂芬·霍金去世的同时，不禁疑惑这位失去了全身运动能力的科学巨人是如何与世界对话的？霍金的轮椅进行过三次升级，代表着科技的三次进步和飞跃。霍金的第一代轮椅，可以每分钟"说"出 15 个单词，并可以把文字直接打印出来；第二代轮椅可以通过霍金说话时面部肌肉收缩和舒张来激活辅助系统，并用眼球控制红外发射器，选定在屏幕中轮流出现的英文字母；第三代轮椅集成了人工智能预测技术，可以用几乎任何脸部动作进行操作(如图 5-21 所示)，这一技术也使所有的重度残障人士受益。

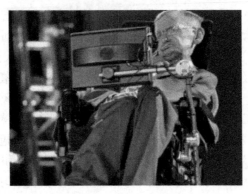

图 5-21　霍金的轮椅

　　在霍金的轮椅上并没有使用脑电波识别术，这是因为这项技术不成熟，对深层次的意识目前还无法解读。神奇的人类大脑蕴含着巨大的复杂性与丰富的未解之谜，因此，打通大脑与机器之间的联结，实现人工智能与人类大脑之间的交互，成为各国科学家研究的热点。

　　脑机接口(Brain-Computer Interface，BCI)分侵入式和非侵入式两类(如图 5-22 所示)，在人脑与计算机或其他电子设备之间建立直接的交流和控制通道。通过这种通道，人就可以直接通过大脑来表达想法或操纵设备，而不需要语言或动作。

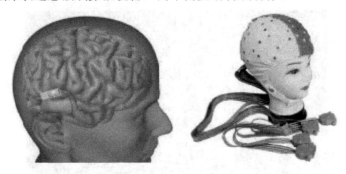

图 5-22　侵入式和非侵入式示意图

　　侵入式脑机接口需要做开颅手术，在大脑里植入控制芯片，通过对神经的刺激，让人获知感受，因此会对大脑造成一定损伤；非侵入式脑机接口是佩戴一些外在的脑机设备，通过对神经元运动信号的读取，把人的意识读取、记录甚至抽取出来，从而实现对机器设备的控制，其缺点是信号噪声大，信息不够精确。

　　目前脑机接口被广泛应用于医疗领域：使用人工装置(假体)替换掉原有功能已削弱的部分神经或感觉器官，神经假体最广泛的应用是人工耳蜗；残障患者利用脑机接口技术控制机械臂的运动，能成功地完成一些正常人的运动功能，如拿起水杯喝水；中风患者在失去肢体控制能力后，可通过脑机接口技术对大脑运动皮层进行训练，帮助康复等。此外，脑机接口技术目前还被用于航空航天、教育、娱乐等多个领域。

5.2.5　我有话要说：蜜糖与毒药

　　　　　每一段爱情
　　　　　都有自己独特的味道

就等同于音乐

有着不同的符号

我说

爱情是一种毒药

有人却说

它如蜜糖一般美妙

——节选自《蜜糖与毒药》 作者：肖子洛

智能助理何尝不是一场美妙的爱情，想象未来的某一天，有一个高度拟人化的智能助理站在你身边（可能是个帅哥或美女），只要你用语言说出命令，它就可以迅速领会并协助你解决问题，像钢铁侠的"贾维斯"一样聪明伶俐。不但如此，它还可以通过对主人的行为、习惯、性格、偏好等进行深度学习，然后预知主人需要什么，比如空调的温度、餐后水果等。

这样的助理你想要吗？你真的想要吗？

科学技术是一把双刃剑，用好了能造福于全人类，一旦被滥用，就可能危及自然生态、人类伦理以及人类社会与自然界的和谐与可持续发展，带来新的不平等、不安全、不和谐、不可持续，甚至带来人为的灾难。所以，人类应该共同恪守科学的社会伦理准则：科学家和工程师不仅应该有创新的兴趣与激情，更应该有崇高的社会责任感。

现在，你还想要智能助理吗？

参 考 文 献

[1] Huyi. 英特尔芯片将加入语音识别技术，Siri 登录桌面之日将近[EB/OL]. (2016-03-17). https://36kr.com/ p/5044680.

[2] 语音识别技术[EB/OL]. http://www.dlworld.cn/YuYinShiBie/125.html.

[3] 新浪. 百度地图上线人工智能版本用 AI 和 AR 拯救"路痴"[EB/OL]. (2017-04-25). https://tech.sina.com.cn/it/2017-04-25/doc-ifyepsec0977368.shtml.

[4] 李莹首秀百度地图 AI 数据：超一亿用户在喊"小度小度"[EB/OL]. (2018-07-22).http:// tech.163. com/18/0722/14/DNATTQMP000998RI.html.

[5] 百度地图正式"就位"CarPlay 老司机们请开始你们的表演[EB/OL]. 百度百科.

[6] 阿尔法狗再进化碾压旧狗不再受人类知识限制[EB/OL]. (2017-10-21). news.e23.cn/shehui/ 2017-10-21/2017A2100142.html.

[7] 柳若边. 深度学习：语音识别技术实践[M]. 北京：清华大学出版社，2019.

习题

第六章　虚拟、增强及介导现实

　　虚拟现实、增强现实和介导现实从根本上来说是一个概念、一个目的，并非一个具体的技术。虚拟现实就是由计算机运算产生的虚拟世界，也就是说，用户看到的任何东西都不是真实存在的，通过虚拟现实，能让用户感觉自己是在有别于现实世界的另一个世界。增强现实是在现实世界中加入由计算机产生的虚拟事物，从而达到一种比现实世界感觉更佳的效果。介导现实是将虚拟世界和现实世界融合在一起，直到模糊了二者的界限，让人分不清所看到的景象是真实还是虚拟的。

6.1　虚拟现实

　　虚拟现实(Virtual Reality，VR)是近年来出现的高新技术，也称灵境技术或人工环境。虚拟现实是利用电脑模拟产生一个三维、逼真的能够提供给使用者关于视觉、听觉、触觉等一体化感官模拟的虚拟世界，用户可以借助外置的装备，以自然的方式与虚拟环境进行交互，并相互影响，从而产生身临其境，获得等同真实环境的感受和体验，VR 的工作原理如图 6-1 所示。

图 6-1　VR 的工作原理

　　作为一个完整的科学技术概念，虚拟现实是由美国 VPL 公司创始人杰伦·拉尼尔(Jaron Lanier)在 20 世纪 80 年代首次提出的，拉尼尔指出：虚拟现实是由计算机产生的三维交互环境，用户参与到该环境中，获得角色，从而得到体验。拉尼尔因此被称为"虚拟现实之父"。

　　虚拟现实技术是仿真技术的一个重要方向，是仿真技术与计算机图形学、人机接口技术、多媒体技术、传感技术、网络技术等多种技术的集合，是一门富有挑战性的交叉技术前沿学科和研究领域。虚拟现实技术主要包括模拟环境、感知、自然技能和传感设备等方面：

(1) 模拟环境是指由计算机生成的、实时动态的三维立体逼真图像。

(2) 感知是指理想的 VR 应该具有一切人所具有的感知。除计算机图形技术所生成的视觉感知外，还有听觉、触觉、力觉、运动等感知，甚至还包括嗅觉和味觉等，也称为多感知。

(3) 自然技能是指人的头部、眼睛、手势或其他人体行为动作，由计算机来处理与参与者动作相适应的数据，并对用户的输入做出实时响应，同时能够分别反馈到用户的五官。

(4) 传感设备是指三维交互设备。

美国科学家布尔代亚•G(Burdea G)和菲利普•夸费(Philippe Coiffet)提出"虚拟现实技术的三角形"，简明地展示了虚拟现实的三个最突出的特性：交互性(Interactivity)、沉浸感(Immersion)和想象性(Imagination)，即虚拟现实重要的"3I"特性，如图 6-2 所示。

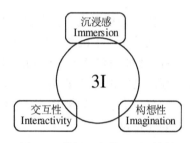

图 6-2　虚拟现实的"3I"特性

1. 交互性

交互性的产生，主要借助于虚拟现实系统中的特殊硬件设备(如数据手套、力反馈装置等)，使用户能自然地产生与在真实世界中一样的感觉。虚拟现实系统比较强调人与虚拟世界之间的自然交互，具有实时性。比如，用户去抓取虚拟环境中的物体时，手就有握东西的感觉，而且可以感觉到东西的重量和形状等。

2. 沉浸感

沉浸感是指让人置身于无限接近于真实世界的虚拟世界中，给人以身临其境的感觉。虚拟现实技术最主要的技术特征是让用户觉得自己是计算机系统所创建的虚拟世界中的一部分，使用户由观察者变成参与者，沉浸其中并参与虚拟世界的活动。沉浸性来源对虚拟世界的多感知性，除了常见的视觉感知外，还有听觉感知、力觉感知、触觉感知、运动感知、味觉感知、嗅觉感知等。理论上来说，虚拟现实系统应该具备人在现实世界中具有的所有感知功能。

3. 想象性

想象性是指用户在虚拟环境中，根据环境中传递的信息以及自身沉浸在系统的行为，通过自己的逻辑推断、联想等思维过程，去想象虚拟现实系统中并未直接呈现的画面和信息。用户通过沉浸其中去获取新的知识，提高自身的感性和理性认识，从而萌发新的联想，因此可以说，虚拟现实可以启发人的创造性思维。

6.1.1　典型产品

　　VR 头戴显示设备是虚拟技术实现方式之一。VR 设备的最大优势就是能够提供一个虚拟的三维空间，让用户从听觉、视觉、触觉和嗅觉等感官上体验到非常逼真的模拟效果，仿佛身临其中。

　　目前，VR 市场上有三种头显设备：外接式头显设备、一体式头显设备、移动端头显设备。对于低端市场，移动端头显设备以低廉的价格抢滩，但从体验效果以及频繁地拆卸手机这个缺点上来说，仅算一个入门级产品。面对高端市场，PC 头盔以其优秀的成像技术为用户带来了完美的 VR 体验，但是其高昂的价格不接地气，长长的线缆以及必要搭配的高级 PC 也将很多用户拒之门外。而 VR 一体式头显设备则是上面两类产品的平衡，其便携的特性、较为优质的画面、中端的价格，让一体式头显设备在 VR 头显中占有了一席之地。

1. 外接式头显设备

　　所谓的外接式头显设备，就是依靠外接主机，让主机作为运行和存储的"大脑"，本身只具备和显示相关功能的设备，又称 PC 主机端头显。它是目前市面上技术含量最高、沉浸感最强、使用体验最佳的产品。比如 HTC Vive、Oculus Rift、PlayStation VR、3Glasse、蚁视头盔、大朋头盔、小派 VR 等，这些都是外接式头显的代表作。

　　外接式头显设备的用户体验较好，具备独立屏幕，产品结构复杂，技术含量较高，不过受着数据线的束缚，自己无法自由活动。

2. 一体式头显设备

　　一体式头显设备的产品偏少，也叫 VR 一体机，无需借助任何输入输出设备就可以在虚拟世界里尽情感受 3D 立体感带来的视觉冲击。

　　(1) Pico Neo。Pico Neo 是 Pico 旗下最新一代 VR 一体机产品，搭载了 Qualcomm 骁龙™835 移动 VR 平台，采用一体式 ID 设计以及更轻、更透气的全包布材料，配备 3K 高清显示屏，4 GB 高速 RAM，64 GB UFS2.0 ROM，并支持 256 GB 扩展存储，得益于骁龙835 的出色性能及完善的超声波技术，Pico Neo 实现了稳定高精度的头部和手部六自由度(6DoF)追踪定位功能，无需任何外部传感器，即可完成对头部和双手运动的追踪，是全球首款同时实现了头&手 6DOF 追踪及交互的量产 VR 一体机。

　　(2) HTC Vive Focus。目前许多开发商都在为 Vive Focus 开发相应内容。HTC Vive Focus是一款优秀的 VR 一体机，采用 inside-out 追踪技术与六自由度，实现 World-Scale 大空间定位，搭配超高清 3K AMOLED 屏幕，可近观、远望、旋转、跳跃，为用户带来沉浸感爆棚的 VR 互动方式。

　　(3) Oculus GO。Oculus GO 兼容三星 Gear VR 的内容平台，需要配合三星高端智能手机使用。

　　(4) Oculus Santa Cruz。Oculus 的第二款 VR 一体机 Santa Cruz 提供位置追踪功能。通过该系统，用户可以在 3D 虚拟环境中移动。Santa Cruz 提供六度自由追踪技术，这意味着它可以识别用户的位置——这将为其应用打开更广泛的空间领域。

3. 移动端头显设备

移动端头显设备，又叫手机盒子，其结构简单，价格低廉，使用方便，只要放入手机即可观看，其代表产品有三星 Gear、小米 play、暴风魔镜、Daydream View 等。

6.1.2 应用场景

1. 医学

VR 在医学方面的应用具有十分重要的现实意义。在虚拟环境中，可以建立虚拟的人体模型，借助于跟踪球、HMD、感觉手套，学生可以很容易地了解人体内部各器官结构，这比现有的采用教科书的方式教学要有效得多。在术前模拟、术后预测及改善残疾人生活状况，乃至新型药物的研制等方面，VR 技术都有十分重要的意义，如图 6-3 所示。

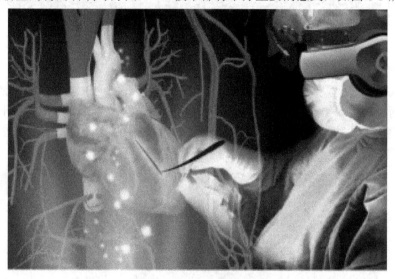

图 6-3　VR 术前模拟

在医学院校，学生可在虚拟实验室中，进行"尸体"解剖和各种手术练习。使用 VR 技术，由于不受标本、场地等的限制，所以培训费用大大降低。一些用于医学培训、实习和研究的虚拟现实系统，仿真程度非常高，其优越性和效果是不可估量和不可比拟的。例如，导管插入动脉的模拟器，可以使学生反复实践导管插入动脉时的操作；眼睛手术模拟器，根据人眼的前眼结构创造出三维立体图像，并带有实时的触觉反馈，学生利用它可以观察模拟移去晶状体的全过程，并观察到眼睛前部结构的血管、虹膜和巩膜组织及角膜的透明度等；还有麻醉虚拟现实系统、口腔手术模拟器等。

2. 娱乐

丰富的感觉能力与 3D 显示环境使得 VR 成为理想的视频游戏工具，如图 6-4 所示。由于在娱乐领域对 VR 的真实感要求不是太高，故近些年来 VR 在该领域的发展最为迅猛。另外在家庭娱乐方面，VR 也显示出了很好的前景。

作为传输显示信息的媒体，VR 在未来艺术领域方面所具有的潜在应用能力也不可低估。VR 所具有的临场参与感与交互能力可以将静态的艺术(如油画、雕刻等)转化为动态的艺术，可以使观赏者更好地欣赏作者的思想艺术。另外，VR 提高了艺术表现能力，如一个虚拟的音乐家可以演奏各种各样的乐器，手足不便的人或远在外地的人可以在其生活的居室中的虚拟音乐厅来欣赏音乐会等。

图 6-4　VR 娱乐

3. 军事航天

模拟训练一直是军事与航天工业中的一个重要课题，这为 VR 提供了广阔的应用前景，如图 6-5 所示。美国国防部高级研究计划局 DARPA 自 80 年代起一直致力于研究 SIMNET 的虚拟战场系统，以提供坦克协同训练，该系统可联结 200 多台模拟器。另外利用 VR 技术，可模拟零重力环境，用以替代标准的水下训练宇航员的方法。

图 6-5　VR 军事训练

4. 室内设计

虚拟现实不仅仅是一个演示媒体，而且还是一个设计工具。它以视觉形式反映了设计者的思想，比如装修房屋之前，设计者首先要做的事是对房屋的结构、外形做细致的构思。虚拟现实可以把这种构思变成看得见的虚拟物体和环境，使以往只能借助传统的设计模式提升到数字化所见即所得的完美境界，大大提高了设计和规划的质量与效率。运用虚拟现实技术，设计者可以完全按照自己的构思去构建装饰"虚拟"的房间，还可以任意变换自己在房间中的位置，去观察设计的效果。这种方式既节约了时间，又节省了费用，如图 6-6 所示。

图 6-6　室内设计的 VR 效果图

5. 房产开发

随着房地产业竞争的加剧，传统的展示手段如平面图、表现图、沙盘、样板房等已经远远无法满足消费者的需要。因此敏锐把握市场动向，果断启用最新的技术并迅速转化为生产力，方可以领先一步，击溃竞争对手。虚拟现实技术是集影视广告、动画、多媒体、网络科技于一身的最新型房地产营销方式，在国内外的一些经济和科技发达的城市非常热门，是当今房地产行业一个综合实力的象征和标志。同时，在房地产开发中的其他重要环节，包括申报、审批、设计、宣传等方面都有着非常迫切的需求。通过虚拟现实技术对项目周边配套、建筑环境、内部业态分布等进行详细剖析展示，由外而内表现项目的整体风格，并可通过鸟瞰、内部漫游、自动动画播放等形式对项目逐一表现，增强了讲解过程的完整性和趣味性，如图 6-7 所示。

图 6-7　房地产 VR 全景呈现

6. 工业仿真

当今世界工业已经发生了巨大的变化，大规模人海战术早已不再适应工业的发展，先进科学技术的应用显现出巨大的威力，特别是虚拟现实技术的应用正对工业进行着一场前所未有的革命。虚拟现实已经被世界上一些大型企业广泛地应用到工业的各个环节，对企业提高开发效率，加强数据采集、分析、处理能力，减少决策失误，降低企业风险起到了重要的作用，如图 6-8 所示。虚拟现实技术的引入，将使工业设计的手段和思想发生质的飞跃，更加符合社会发展的需要，可以说在工业设计中应用虚拟现实技术是可行且必要的。工业仿真系统不是简单的场景漫游，而是真正意义上用于指导生产的仿真系统，它结合用户业务层功能和数据库数据组建一套完全的仿真系统，可组建 B/S、C/S 两种架构的应用，实现与企业 ERP、MIS 系统无缝对接，并且支持 SqlServer、Oracle、MySql 等主流数据库。

图 6-8　高精度工业 VR 仿真

　　工业仿真所涵盖的范围很广，从简单的单台工作站上的机械装配到多人在线协同演练系统。下面列举一些工业仿真的应用领域：石油、电力、煤炭行业多人在线应急演练；市政、交通、消防应急演练；多人多工种协同作业(化身系统、机器人人工智能)；虚拟制造/虚拟设计/虚拟装配(CAD/CAM/CAE)；模拟驾驶、训练、演示、教学、培训等；军事模拟、指挥、虚拟战场、电子对抗；地形地貌、地理信息系统(GIS)；生物工程(基因/遗传/分子结构研究)；虚拟医学工程(虚拟手术/解剖/医学分析)；建筑视景与城市规划、矿产、石油；航空航天、科学可视化。

7. 应急推演

　　防患于未然，是各行各业尤其是具有一定危险性行业(消防、电力、石油、矿产等)的关注重点，如何确保在事故来临之时做到损失最小，定期的执行应急推演是一种传统并有效的防患方式，但其弊端也相当明显，即投入成本高，每一次推演都要投入大量的人力、物力，大量的投入使得其不可能频繁性地执行。虚拟现实的产生为应急演练提供了一种全新的开展模式，在虚拟场景中模拟事故现场，制造各种事故场景，组织参演人员做出正确响应。这样的推演大大降低了投入成本，提高了推演实训时间，从而保证了人们面对事故灾难时的应对技能，并且可以打破空间的限制，方便地组织各地人员进行推演，这样的案例已有应用，这必将是今后应急推演的一个趋势，如图 6-9 所示。

图 6-9　VR 消防演习

虚拟演练有着如下优势：仿真性、开放性、针对性、自主性、安全性。结合以上特性，虚拟演练实际是指将相关电子设施数字化，为企业构建一套全数字开放式数字资源库，通过在数字虚拟空间内实时录制、构建一套应急演练库，可在虚拟数字环境中再现相应应急演练流程，在虚拟的环境中提高员工的业务水平。将虚拟现实技术应用于电力相关培训中去，有着无可比拟的优势，打造虚拟的演练平台，将是电力培训的一个趋势。

8. 文物古迹

虚拟现实技术促进了文物展示和保护技术的发展。首先表现在将文物实体通过影像数据采集手段，建立起实物三维或模型数据库，保存文物原有的各项形式数据和空间关系等重要资源，实现濒危文物资源的科学、高精度和永久的保存，如图 6-10 所示。其次利用这些技术来提高文物修复的精度，预先判断、选取将要采用的保护手段，可以缩短修复工期。通过计算机网络来整合统一大范围内的文物资源，并且通过网络在大范围内利用虚拟技术更加全面、生动、逼真地展示文物，从而使文物脱离地域限制，实现资源共享，真正成为全人类可以"拥有"的文化遗产。使用虚拟现实技术可以推动文博行业更快地进入信息时代，实现文物展示和保护的现代化。

图 6-10　VR 文物数字化

9. 游戏

三维游戏既是虚拟现实技术的重要应用方向之一，也对虚拟现实技术的快速发展起了巨大的需求牵引作用。尽管存在众多的技术难题，虚拟现实技术在竞争激烈的游戏市场中还是得到了越来越多的重视和应用。可以说，电脑游戏自产生以来，一直都在朝着虚拟现实的方向发展，虚拟现实技术发展的最终目标已经成为三维游戏工作者的崇高追求。从最初的文字游戏，到二维游戏、三维游戏再到网络三维游戏，游戏在保持其实时性和交互性的同时，逼真度和沉浸感正在一步步地提高和加强，如图 6-11 所示。我们相信，随着三维技术的快速发展和软硬件技术的不断进步，在不远的将来，真正意义上的虚拟现实游戏必将为人类娱乐、教育和经济发展做出更大的贡献。

图 6-11　VR 游戏

10. Web3D

Web3D 主要有四类运用方向：商业、教育、娱乐和虚拟社区。在企业和电子商务应用中，Web3D 能够全方位地展现一个物体，其具有二维平面图像不可比拟的优势，如图 6-12 所示。

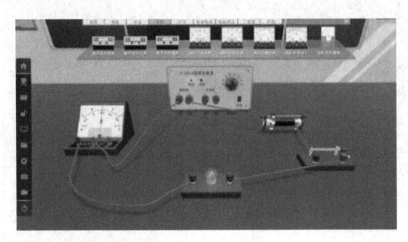

图 6-12　虚拟物理实验

企业在网站上以三维立体的形式发布产品，能够展现出产品外形的方方面面，加上互动操作，演示产品的功能和使用，充分利用互联网高速迅捷的传播优势来推广公司的产品。对于网上电子商务，将销售产品展示做成在线三维的形式，顾客通过观察和操作能够对产品有更加全面的认识和了解，购买的可能性必将大幅增加，这为企业带来更多的利润。

计算机辅助教学(CAI)的引入，弥补了传统教学的缺陷。在表现一些空间立体化的知识，如原子、分子的结构，分子的结合过程，机械运动时，三维展现形式必然使学习过程形象化，使学生更容易接受和掌握。使用具有交互功能的 3D 课件，学生可以在实际的动手操作中得到更深的体会。

虚拟社区使用 Web3D 实现网络上的 VR 展示，只需构建一个三维场景，人以第一视角在其中穿行。场景和控制者之间能产生交互，加之高质量的生成画面使人产生身临其境的感觉，对虚拟展厅、建筑房地产虚拟漫游的展示提供了解决方案。

11. 道路桥梁

城市规划一直是对全新的可视化技术需求最为迫切的领域之一，虚拟现实技术可以广泛地应用在城市规划的各个方面，并带来切实且可观的利益。虚拟现实技术在道路桥梁建设中也得到了应用，如图 6-13 所示。由于道路桥梁需要同时处理大量的三维模型与纹理数据，这需要很高的计算机性能作为后台支持，随着近些年来计算机软硬件技术的提高，一些原有的技术瓶颈得到了解决，使虚拟现实的应用达到了前所未有的发展高度。

图 6-13　桥梁设计 VR 建模

在我国，许多学院和机构也一直在从事这方面的研究与应用。三维虚拟现实平台软件，可广泛地应用于桥梁道路设计等行业。该软件适用性强、操作简单、功能强大、高度可视化、所见即所得，它的出现将给正在发展的 VR 产业注入新的活力。虚拟现实技术在高速公路和道路桥梁建设方面有着非常广阔的应用前景，可由后台置入稳定的数据库信息，便于大众对各项技术指标进行实时查询，周边再辅以多种媒体信息，如工程背景介绍、标段概况、技术数据、截面等，电子地图、声音、图像、动画，并与核心的虚拟技术产生交互，从而实现演示场景中的导航、定位与背景信息介绍等诸多实用、便捷的功能。

12. 地理

应用虚拟现实技术，将三维地面模型、正射影像和城市街道、建筑物及市政设施的三维立体模型融合在一起，再现城市建筑及街区景观，用户在显示屏上可以很直观地看到生动逼真的城市街道景观，可以进行诸如查询、量测、漫游、飞行浏览等一系列操作，满足数字城市技术由二维地理信息系统向三维虚拟现实的可视化发展需要，为城建规划、社区服务、物业管理、消防安全、旅游交通等提供可视化空间地理信息服务。

电子地图技术是集地理信息系统技术、数字制图技术、多媒体技术和虚拟现实技术等多项现代技术为一体的综合技术。电子地图是一种以可视化的数字地图为背景，以文本、照片、图表、声音、动画、视频等多媒体为表现手段展示城市、企业、旅游景点等区域综合面貌的现代信息产品，如图 6-14 所示。它可以存储于计算机外存，以只读光盘、网络等形式传播，以桌面计算机或触摸屏计算机等形式提供给大众使用。由于电子地图产品结合了数字制图技术的可视化功能、数据查询与分析功能以及多媒体技术和虚拟现实技术的信息表现手段，加上现代电子传播技术的作用，它一出现就赢得了社会的广泛关注！

图 6-14　VR 虚拟旅游

13. 教育

虚拟现实应用于教育是教育技术发展的一个飞跃。它营造了"自主学习"的环境,由传统的"以教促学"的学习方式转换为学习者通过自身与信息环境的相互作用来得到知识、技能的新型学习方式。它主要应用在以下几个方面。

1) 科技研究

当前许多高校都在积极研究虚拟现实技术及其应用,并相继建起了虚拟现实与系统仿真的研究室,将科研成果迅速转化为实用技术。如北京航空航天大学在分布式飞行模拟方面的应用,浙江大学在建筑方面进行虚拟规划、虚拟设计的应用,哈尔滨工业大学在人机交互方面的应用,清华大学对临场感的研究等都颇具特色,有的研究室甚至已经具备独立承接大型虚拟现实项目的实力。虚拟学习环境能够为学生提供生动、逼真的学习环境,如建造人体模型、电脑太空旅行、化合物分子结构显示等,在广泛的科目领域提供无限的虚拟体验,从而加速和巩固学生学习知识的过程。亲身去经历、亲身去感受比空洞抽象的说教更具说服力,主动交互与被动灌输有本质的差别。利用虚拟现实技术,可以建立各种虚拟实验室,如地理、物理、化学、生物实验室等,其拥有传统实验室难以比拟的优势:节省成本,规避风险,可以打破空间、时间的限制。

2) 虚拟实训基地

利用虚拟现实技术建立起来的虚拟实训基地,其"设备"与"部件"多是虚拟的,可以根据需要随时生成新的设备,如图 6-15 所示。教学内容可以不断更新,使实践训练及时跟上技术的发展。同时,虚拟现实的沉浸性和交互性,使学生能够在虚拟的学习环境中扮演一个角色,全身心地投入到学习环境中去,这非常有利于学生的技能训练,包括军事作战技能、外科手术技能、教学技能、体育技能、汽车驾驶技能、果树栽培技能、电器维修技能等各种职业技能的训练。由于虚拟的训练系统无任何危险,所以学生可以不厌其烦地反复练习,直至掌握操作技能为止。例如,在虚拟的飞机驾驶训练系统中,学员可以反复操作控制设备,学习在各种天气情况下驾驶飞机起飞、降落,通过反复训练,达到熟练掌握驾驶技术的目的。

图 6-15　VR 虚拟仿真实训室

3）虚拟仿真校园

教育部在一系列相关的文件中，多次涉及虚拟校园，阐明了虚拟校园的地位和作用。虚拟校园也是虚拟现实技术在教育培训中最早的具体应用，它由浅至深有三个应用层面，分别适应学校不同程度的需求：简单地虚拟校园环境供游客浏览；基于教学、教务、校园生活，功能相对完整的三维可视化虚拟校园；以学员为中心，加入一系列人性化的功能，以虚拟现实技术作为远程教育基础平台。虚拟远程教育可为高校扩大招生后设置的分校和远程教育教学点提供可移动的电子教学场所，通过交互式远程教学的课程目录和网站，由局域网工具作为校园网站的链接，可对各个终端提供开放性的、远距离的持续教育，还可为社会提供新技术和高等职业培训的机会，创造更大的经济效益与社会效益。随着虚拟现实技术的不断发展和完善以及硬件设备价格的不断降低，我们相信，虚拟现实技术以其自身强大的教学优势和潜力，将会逐渐受到教育工作者的重视和青睐，最终在教育培训领域广泛应用并发挥其重要作用。

14. 演播室

随着计算机网络和三维图形软件等先进信息技术的发展，电视节目制作方式发生了很大的变化。视觉和听觉效果以及人类的思维都可以靠虚拟现实技术来实现。它升华了人类的逻辑思维。虚拟演播室是虚拟现实技术与人类思维相结合在电视节目制作中的具体体现，如图 6-16 所示。虚拟演播系统的主要优点是它能够更有效地表达新闻信息，增强信息的感染力和交互性。传统的演播室对节目制作的限制较多。虚拟演播系统制作的布景是合乎比例的立体设计，当摄像机移动时，虚拟的布景与前景画面都会出现相应的变化，从而增加了节目的真实感。用虚拟场景在很多方面成本效益显著。如它具有及时更换场景的能力，在演播室布景制作中节约经费，不必移动和保留景物，因此可减轻对雇员的需求压力。对于单集片，虚拟制作不会显出很大的经济效益，但在使用背景和摄像机位置不变的系列节目中它可以节约大量的资金。另外，虚拟演播室具有制作优势。当考虑节目格局时，制作人员的选择余地大，他们不必过于受场景限制。对于同一节目可以不用同一演播室，因为背景可以存入磁盘。它可以充分发挥创作人员的艺术创造力与想象力，利用现有的多种三维动画软件，创作出高质量的背景。

图 6-16　VR 虚拟演播室

15. 水文地质

　　利用虚拟现实技术的沉浸感、与计算机的交互功能和实时表现功能，建立相关的地质、水文地质模型(如图 6-17 所示)和专业模型，进而实现对含水层结构、地下水流、地下水质和环境地质问题(例如地面沉降、海水入侵、土壤沙化、盐渍化、沼泽化及区域降落漏斗扩展趋势)的虚拟表达。具体实现步骤包括建立虚拟现实数据库、三维地质模型、地下水水流模型、专业模型和实时预测模型。

图 6-17　VR 地质学

16. 维修

　　虚拟维修是虚拟技术近年来的一个重要研究方向，目的是通过计算机仿真和虚拟现实技术在计算机上真实展现装备的维修过程，增强装备寿命周期各阶段关于维修的各种决策能力，包括维修性设计分析、维修性演示验证、维修过程核查、维修训练实施等，如图 6-18所示。

图 6-18 模拟 VR 维修

　　虚拟维修是虚拟现实技术在设备维修中的应用，在现代化煤矿、核电站等安全性要求高的场所，或在设备快速抢修之前，进行维修预演和仿真。虚拟维修突破了设备维修在空间和时间上的限制，可以实现逼真的设备拆装、故障维修等操作，提取生产设备的已有资料、状态数据，检验设备性能。虚拟维修技术还可以通过仿真操作过程，统计维修作业的时间、维修工种的配置、维修工具的选择、设备部件拆卸的顺序、维修作业所需的空间、预计维修费用。

17. 培训实训

　　在一些重大安全行业，例如石油、天然气、轨道交通、航空航天等领域，正式上岗前的培训工作变得异常重要，但传统的培训方式显然不适合高危行业的培训需求。虚拟现实技术的引入使得虚拟培训成为现实，如图 6-19 所示。

图 6-19 VR 虚拟航空培训

　　结合动作捕捉的高端交互设备及 3D 立体显示技术，为培训者提供了一个和真实环境完全一致的虚拟环境。培训者可以在这个具有真实沉浸感与交互性的虚拟环境中，通过人机交互设备和场景中所有物件进行交互，体验实时的物理反馈，进行多种实验操作。通过虚拟培训，不但可以加速学员对产品知识的掌握，直观学习，提高从业人员的实际操作能力，还大大降低了公司的教学、培训成本，改善培训环境。最主要的是，虚拟培训颠覆了原有枯燥死板的教学培训模式，探索出一条低成本、高效率的培训之路。

18. 船舶制造

虚拟现实技术不仅能提前发现和解决实船建造中的问题,还为管理者提供了充分的信息,从而真正实现船体建造、舾装、涂装一体化和设计、制造、管理一体化。在船舶设计领域,虚拟设计涵盖了建造、维护、设备使用、客户需求等传统设计方法无法实现的领域,真正做到产品的全寿期服务。因此,通过对面向船舶整个生命周期的船舶虚拟设计系统的开发,可大大提高船舶设计的质量,减少船舶建造费用,缩短船舶建造周期,如图 6-20 所示。

图 6-20　VR 船舶制造虚拟仿真

19. 汽车仿真

汽车虚拟开发工程即在汽车开发的整个过程中,全面采用计算机辅助技术,在轿车开发的造型、设计、计算、试验直至制模、冲压、焊接、总装等各个环节中使用与计算机模拟技术联为一体的综合技术,使汽车的开发、制造都置于计算机技术所构造的严格的数据环境中,虚拟现实技术的应用,大大缩短了设计周期,提高了市场反应能力,如图 6-21 所示。

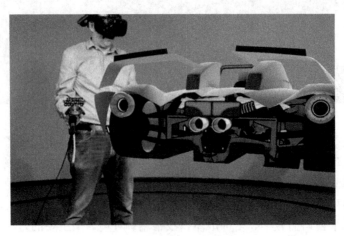

图 6-21　VR 设计汽车

20. 轨道交通

轨道交通仿真就是运用三维虚拟与仿真技术模拟出从轨道交通工具的设计制造到运行维护等各阶段、各环节的三维环境，用户在该环境中可以"全身心地"投入到轨道交通的整个工程之中进行各种操作，从而拓展相关从业人员的认知手段和认知领域，为轨道交通建设的整个工程节约成本与时间，提高效率与质量，如图6-22所示。轨道交通包括三部分内容：①虚拟现实技术作为设计者的一个高效辅助工具，帮助设计师节约设计时间，提高设计产品的质量；②利用计算机技术实现各部件的虚拟装配，以便检查出各个部件之间的嵌合度和兼容性；③利用三维虚拟仿真技术模拟出列车运行时的状态、各部件的变化情况及周边环境的变化情况，检查列车运行的可行性。

图 6-22　轨道交通 VR 演练系统

21. 能源领域

能源的开采和开发涉及很多模块，很多行业，常常需要对大量数据进行分析管理，并且由于职业的特殊性，对员工的业务素质也有很高要求。运用三维虚拟技术不但能够实现庞大数据的有效管理，还能够创建一个具有高度沉浸感的三维虚拟环境，满足企业对石油矿井、电力、天然气等高要求、高难度职位的培训要求，有效提高员工的培训效率，提升员工的业务素质，如图6-23所示。

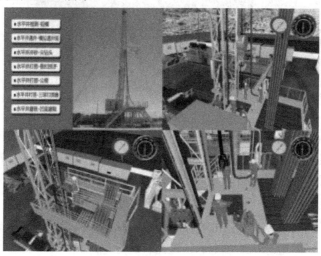

图 6-23　VR 用于石油开采

22. 生物力学

生物力学仿真就是应用力学原理和方法并结合虚拟现实技术，实现对生物体中的力学原理进行虚拟分析与仿真研究，如图 6-24 所示。利用虚拟仿真技术研究和表现生物力学，不但可以提高运动物体的真实感，满足运动生物力学专家的计算要求，还可以大大节约研发成本，降低数据分析的难度，提高研发效率。这一技术现已广泛应用于外科医学、运动医学、康复医学、人体工学、创伤与防护学等领域。

图 6-24　VR 应用于生物力学研究

23. 康复训练

康复训练包括身体康复训练和心理康复训练，是指有各种运动障碍(动作不连贯、不能随心所动)和心理障碍的人群，通过在三维虚拟环境中做自由交互达到自理生活、自由运动、解除心理障碍的训练，如图 6-25 所示。

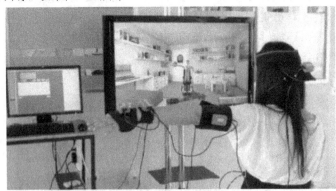

图 6-25　VR 应用于康复训练

传统的康复训练不但耗时耗力、单调乏味，而且训练强度和效果得不到及时评估，很容易错失训练良机，而结合三维虚拟与仿真技术的康复训练就很好地解决了这一问题，并且还适用于心理患者的康复训练，对完全丧失运动能力的患者也有独特效果。

24. 数字地球

数字地球建设是一场意义深远的科技革命，也是地球科学研究的一场纵深变革。人类迫切需要更深入地了解地球、理解地球，进而管理好地球。

拥有数字地球等于占据了现代社会的信息战略制高点。从战略角度来说，数字地球是全球性的科技发展战略目标，数字地球是未来信息资源的综合平台和集成，现代社会拥有信息资源的重要性更基于工业经济社会拥有自然资源的重要性。而从科技角度分析，数字地球是国家的重要基础设施，是遥感、地理信息系统、全球定位系统、互联网—万维网、仿真与虚拟现实技术等的高度综合与升华，是人类定量化研究地球、认识地球、科学利用地球的先进工具，如图 6-26 所示。

图 6-26　地理信息系统 VR 展示

6.2　增　强　现　实

增强现实(Augmented Reality，AR)也被称为扩增现实。增强现实技术，是一种将真实信息和虚拟信息"无缝"集成的新技术，是把原本在现实世界的一定时间空间范围内很难体验到的实体信息(视觉信息，声音，味道，触觉等)，通过计算机模拟仿真后再叠加，将虚拟的信息应用到真实世界，被人类感官所感知，从而达到超越现实的感官体验，如图 6-27 所示。

AR 技术体验

图 6-27　AR 体验

增强现实将虚拟信息实时地叠加到真实世界中，其工作原理包含 4 个步骤：获取真实场景信息；对真实场景和相机位置信息进行分析；生成虚拟景物；合并视频或直接显示。例如，将移动终端摄像头对准商场的货架，终端显示屏就会在当前画面上叠加该货架上面产品的对应价格及优惠信息。

增强现实作为真实世界和虚拟世界的桥梁,包含两方面的主要特征:

(1) 增强现实的优越性体现在实现虚拟对象和真实环境的融合,使真实世界和虚拟物体共存。

(2) 增强现实可以实现虚拟世界和真实世界的实时同步和自然交互,使用户在现实世界中真实地体验虚拟世界中的模拟对象,增加体验的趣味性和互动性。

6.2.1　典型产品

增强现实是通过计算机系统提供的信息增加用户对现实世界感知的技术,将虚拟的信息应用到真实世界,并将计算机生成的虚拟物体、场景或系统提示信息叠加到真实场景中,从而实现对现实的增强。在视觉化的增强现实中,用户利用头盔显示器,把真实世界与电脑图形多重合成在一起,便可以看到真实的世界围绕着自己。其工作原理是将摄像头和传感器采集到的真实场景(视频或者图像)传入后台的处理单元,对其进行分析和重构,并结合头部跟踪设备的数据来分析虚拟场景和真实场景的相对位置,实现坐标系的对齐并进行虚拟场景的融合计算;同时,交互设备采集外部控制信号,实现对虚实结合场景的交互操作;最后,系统融合后的信息会实时地显示在显示器中,展现在人的视野中。

1. Microsoft HoloLens

Hololens 是第一款以消费者为导向的增强现实设备,与其他增强现实设备不同的是,微软通过 HoloLens 为用户带来了全息式生活体验服务,并且形成了一整套的解决方案。它可以理解用户的手势、语音和周围的空间环境。

HoloLens 能够让用户进入一个未来的世界,给用户一种叹为观止的体验。它不同于三星之前发布的虚拟现实眼镜,必须配备 Galaxy Note4 才能够使用,它是一台完全独立的计算设备,内置了包括 CPU、GPU 和一颗专门的全息处理器。这款头戴装置在黑色的镜片上包含了透明显示屏,并且立体音效系统让用户不仅可以看到,同时也能听到来自周围全息景象中的声音,同时 HoloLens 也内置了一整套的传感器用来实现各种功能。

目前,HoloLens 能够追踪人的手势和眼部活动,屏幕和投影都会随着人的活动而移动。对于 HoloLens 项目来说,最成功之处可能就是增强现实全息投影是如何欺骗大脑的:它让大脑将看到的光当成实物。在这支黑科技团队的理解里,他们的终极目标就是让人感知光的世界,它既存在,也不存在,重要的是,让大脑误认为它待在一个实体的世界里。

2. Google Glass

Google Glass 通常指的是 Google Project Glass,是由谷歌公司于 2012 年 4 月发布的一款“增强现实”眼镜。这款眼镜集智能手机、GPS、相机于一体,在用户眼前展现实时信息,用户只要眨眨眼就能实现拍照上传、收发短信、查询天气路况等操作,无需动手便可上网冲浪或者处理文字信息和电子邮件。戴上这款眼镜,用户可以用自己的声音控制拍照、进行视频通话和辨别方向。在兼容性上,Google Glass 可与任一款支持蓝牙的智能手机同步。

Google Glass 主要结构包括,在眼镜前方悬置的一个摄像头和一个位于镜框右侧的宽条状的电脑处理器装置。Project Glass 利用的是光学反射投影原理(HUD),即微型投影仪先将光投到一块反射屏上,而后通过一块凸透镜折射到人体眼球,实现所谓的“一级放大”,

在人眼前形成一个足够大的虚拟屏幕，该屏幕可以显示简单的文本信息和各种数据。

6.2.2 应用场景

AR 技术不仅在与 VR 技术相类似的应用领域，诸如尖端武器、飞行器的研制与开发、数据模型的可视化、虚拟训练、娱乐与艺术等领域具有广泛的应用，而且由于其具有能够对真实环境进行增强显示输出的特性，所以在医疗研究与解剖训练、精密仪器制造和维修、军用飞机导航、工程设计和远程机器人控制等领域，具有比 VR 技术更加明显的优势。

(1) 医疗领域：医生可以利用增强现实技术，快速地进行手术部位的精确定位。

(2) 军事领域：部队可以利用增强现实技术进行方位的识别，获得所在地点的实时地理数据等重要军事数据。

(3) 古迹复原和数字化文化遗产保护：将文化古迹的信息以增强现实的方式提供给参观者，用户不仅可以通过 HMD 看到古迹的文字解说，还能看到遗址上残缺部分的虚拟重构。

(4) 工业维修领域：通过头盔式显示器将多种辅助信息显示给用户，包括虚拟仪表的面板、被维修设备的内部结构、被维修设备零件图等。

(5) 网络视频通讯领域：系统使用增强现实和人脸跟踪技术，在通话的同时在通话者的面部实时叠加一些如帽子、眼镜等虚拟物体，在很大程度上提高了视频对话的趣味性。

(6) 电视转播领域：通过增强现实技术可以在转播体育比赛的时候，实时地将辅助信息叠加到画面中，使观众可以得到更多的信息。

(7) 娱乐、游戏领域：增强现实游戏可以让位于全球不同地点的玩家，共同进入一个真实的自然场景，以虚拟替身的形式进行网络对战。

(8) 旅游、展览领域：人们在浏览、参观的同时，通过增强现实技术可以接收到途经建筑的相关资料，观看展品的相关数据资料。

(9) 市政建设规划：采用增强现实技术将规划效果叠加到真实场景中以直接获得规划的效果。

(10) 水利水电勘察设计：在水利水电勘察设计领域，三维协同设计稳步发展，可能会在不远的将来取代传统的二维设计。AR 技术在设计领域的应用为水利水电三维模型的应用提供了更好的展示手段，使得三维模型与二维的设计、施工图纸能更加紧密地结合起来。AR 技术在勘察设计领域中可以有效地应用于实时方案比较、设计元素编辑、三维空间综合信息整合、辅助决策和设计方案多方参与等方面。

6.3 介 导 现 实

介导现实技术(MR)是由"智能硬件之父"多伦多大学教授史蒂夫曼恩(Steve Mann)提出的，全称为 Mediated Reality。介导现实技术是虚拟现实技术的进一步发展，该技术在虚拟环境中引入现实场景信息，在虚拟世界、现实世界和用户之间搭起一个交互反馈的信息回路，以增强用户体验的真实感。

在现阶段，MR 指的是混合现实(Mixed Reality)，而最终形态将是由史蒂夫曼恩提出的介导现实，在混合现实里，物理和数字对象共存，并实时互动。如图 6-28 所示。

从概念上来看，混合现实在呈现内容上比虚拟现实更丰富、更真实，混合现实和增强现实更为接近，都是一半现实一半虚拟影像，但在呈现视角上比增强现实更广阔。

MR 技术体验

图 6-28　混合现实(1)

从技术实现上来看，混合现实一般采用光学透视技术，在人的眼球上叠加虚拟图像；也可以采用视频透视技术，通过双目摄像头实时采集人看到的"现实"世界并将其数字化，然后通过计算机算法实时渲染画面，既可以叠加部分虚拟图像也可以完全叠加虚拟图像，此外还能摆脱现实画面的束缚对影像进行删减更改，人眼看到的是经过计算机渲染后新的"现实画面"。

混合现实的实现需要在一个能与现实世界各事物相互交互的环境中进行。如果一切事物都是虚拟的，则属于虚拟现实的领域。如果展现出来的虚拟信息只能简单地叠加在现实事物上，则属于增强现实。混合现实的关键点就是与现实世界进行交互和信息的及时获取，如图 6-29 所示。

图 6-29　混合现实(2)

6.3.1　典型产品

MR 既可以理解成介导现实技术也可以解释成微软现实(Microsoft Reality)技术，因为这一技术正是由微软主导并大力推行的。

Microsoft HoloLens 是微软公司开发的一种 MR 头显(混合现实头戴式显示器)，该产品于北京时间 2015 年 1 月 22 日凌晨发布。HoloLens 是一款增强现实头显设备，它在 2015 年的 Windows 10 发布会上首次亮相，运行 Windows 10 系统，它不受任何限制——没有线缆和听筒，并且不需要连接电脑。Microsoft HoloLens 具有全息、高清镜头、立体声等特点，可以让使用者看到和听到周围的全息景象。

6.3.2　应用场景

1. AR 特效

从概念上来说，MR 与 AR 更为接近，都是一半现实一半虚拟影像，但传统 AR 技术运用棱镜光学原理折射现实影像，视角不如 VR 视角大，清晰度也会受到影响。为了解决视角和清晰度问题，新型的 MR 技术将会投入到更丰富的载体中，除了眼镜、头盔、投影仪外，目前研发团队正在考虑用镜子、透明设备做载体。

2. 游戏

真正的介导现实游戏是可以把现实与虚拟互动展现在玩家眼前的。MR 技术能让玩家同时保持与真实世界和虚拟世界的联系，并根据自身的需要及所处情境调整操作。类似超次元 MR = VR + AR = 真实世界 + 虚拟世界 + 数字化信息，简单来说，就是 AR 技术与 VR 技术的完美融合以及升华，虚拟和现实互动，不再局限于现实，使玩家获得前所未有的体验。

总之，MR 设备带给用户的是一个混沌的世界。如果仅使用数字模拟技术(显示、声音、触觉)等，则用户根本感受不到二者的差异。正因为如此，MR 技术更有想象空间，它将物理世界实时并且彻底地比特化了，又同时包含了 VR 和 AR 设备的功能。

6.3.3　我有话要说：虚拟与现实的相爱相杀

据调查，2019 年上半年中国游戏市场的实际销售收入相比 2015 年同期增长近 1 倍。在这背后，大批"宅男"功不可没，他们形成了各种游戏群体、二次元小组、动漫忠粉、同人圈子乃至看小说聚集地，为自己的爱好"一掷千金"。2004 年，马克·扎克伯格(Mark Zuckerberg)创办脸书(Facebook)，不到一年用户量达 800 万，到 2019 年脸书的注册用户达 27 亿。虚拟世界的吸引力让许多人欲罢不能。专家认为，网络游戏、社交网站等的设计初衷就是让用户沉迷其中无法自拔，在不知不觉中对其产生依赖。炫目的色彩、优美的音乐让用户极尽享受，即时的奖励、契合诉求的心理、弱点的隐藏、暴力的释放让用户欲罢不能，虚拟世界让用户忘却现实生活中的柴米油盐与人情世故。

当然，网络游戏也并非坏事，《人民日报》表示"严管是为了更好地发展。消除网络游戏的负外部性，才能让玩家、产业、社会达成共赢"，"妖魔化网游是不理性的，呼吁取消网游也是不现实的。要知道，沉迷游戏的危害不在于"游戏"，而来自于"沉迷"。我们要预防的是沉迷，而不是网游。对很多人来说，可沉迷的对象并不限于网络游戏。

　　虚拟与现实，"傻傻的你"分得清楚吗？

参 考 文 献

[1]　刘向群，郭雪峰，钟威，等. VR/AR/MR 开发实战基于 Unity 与 UE4 引擎[M]. 北京：机械工业出版社，2018.

[2]　苏凯，赵苏砚. VR 虚拟现实与 AR 增强现实的技术原理与商业应用[M]. 北京：人民邮电出版社，2017.

[3]　赵亚洲. 智能+：AR/VR/AI/IW 正在颠覆每个行业的新商业浪潮[M]. 北京：北京联合出版公司，2017.

习题

第七章 大数据技术与应用

7.1 应 用 场 景

7.1.1 天猫购物推荐系统

天猫首页的"猜你喜欢"、亚马逊的"与您浏览过的商品相关的推荐"、网易云音乐的"私人 FM"等功能将一个词带入大家的视野：推荐系统。打开手机淘宝或者天猫 APP，各种推荐的商品随处可见，推荐的东西会随着搜索内容的变化而变化。所以打开天猫 APP，基本上都是用户想买的商品，而且给每个用户推荐的商品都不一样，这背后其实就是天猫推荐系统的支持。

天猫推荐系统的推荐模式主要有以下四种：看过还看过、看过还买过、买过还看过、买过还买过，通过这四种模式就能进行系统的智能推荐。智能推荐的经典算法主要有两种，一种是基于用户的协同过滤算法，另一种是基于物品的协同过滤算法。

(1) 基于用户的协同过滤算法。如图 7-1 所示，推荐系统发现用户 A 和用户 B 的用户

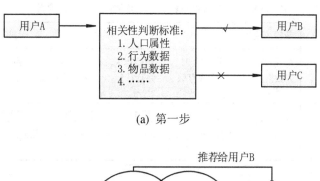

(a) 第一步

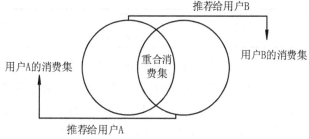

(b) 第二步

图 7-1 基于用户的协同过滤算法

行为和消费历史等相似度较高，那么推荐系统就会将用户 A 的消费集中存在，但是用户 B 的消费集中不存在的物品推荐给用户 B，对用户 B 的消费集也会做同样的处理。所以用户推荐系统就是找到和"你"兴趣爱好相关度更高的用户群，然后将该用户群喜欢的、但是你并不知道、没有消费过的物品或内容推荐给"你"。

(2) 基于物品的协同过滤算法。这种算法主要是根据用户当前消费的对象来寻找用户可能喜欢的其他物品。物品间的相关性越高，则推荐后被喜欢的可能性就越大。

例如，如果用户购买了一张周杰伦的 CD《七里香》，商家为用户推荐一张周杰伦的 CD《我很忙》，那么用户购买的可能性就更大；如果用户购买了柯南道尔的《福尔摩斯探案全集》，则商家为用户推荐青山刚昌的《名侦探柯南》，同样地，用户更容易购买该产品。

7.1.2 教育大数据应用

大数据在教育领域中的应用，主要指的是在线决策、学习分析、数据挖掘三大要素，其主要作用是进行预测分析、行为分析、学业分析等的应用和研究。教育大数据指的是对学生学习过程中产生的大量数据(数据主要来源于两个方面，一个是显性行为，包括考试成绩、作业完成情况以及课堂表现等；另一个是隐形行为，包括论坛发帖、课外活动、在线社交等不直接作为教育评价的活动。)进行分析，并为学校和教师的教学提供参考，及时准确地评估学生的学业情况，发现学生潜在的问题，并对学生未来的表现进行预测。教育大数据的应用场景如图 7-2 所示。

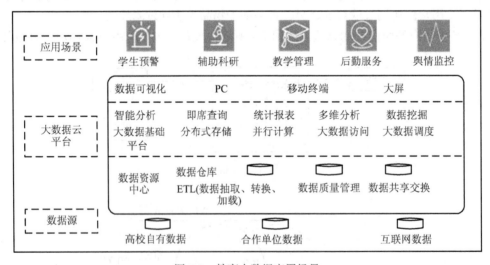

图 7-2 教育大数据应用场景

学习分析是近年来大数据在教育领域较为典型的应用，学习分析就是利用数据收集工具和分析技术，研究分析学习者学习参与、学习表现和学习过程的相关数据，进而对课程、教学和评价进行实时修正。学习分析的应用领域如图 7-3 所示。

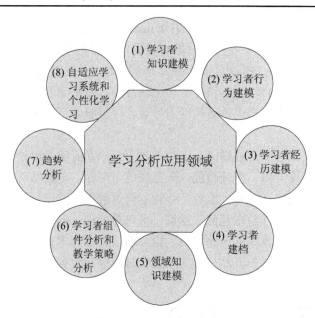

图 7-3　学习分析应用领域

学习分析的这些应用领域主要用来解决八类问题。

(1) 学习者知识建模：用来研究学习者掌握了哪些知识。

(2) 学习者行为建模：学习者不同的学习行为范式与学习结果的相关关系。

(3) 学习者经历建模：学习者对于自己学习经历的满意度。

(4) 学习者建档：对学习者聚类分组。

(5) 领域知识建模：查看学习内容的难度级别、呈现顺序与学习者学习结果的相关关系。

(6) 学习者组件分析和教学策略分析：查看在线学习系统中学习组件的功能以及在线教学策略与学习者学习结果的相关关系。

(7) 趋势分析：对学习者的当前学习行为和未来学习结果之间的相关关系进行分析。

(8) 自适应学习系统和个性化学习：实现学习者个性化学习和在线学习系统相适应。

下面给出两家公司教育大数据应用的具体例子。

(1) Civitas Learning：一家专门聚焦于运用预测性分析、机器学习来提高学生成绩的公司。该公司建立了巨大的跨校学习数据库。通过这些数据，能够分析学生的学习成绩、出勤率、辍学率以及保留率的情况。

(2) Desire2Learn：这家公司的产品通过对学生阅读电子化的课程材料、提交电子版的作业以及在线与同学交流、考试及测验等的情况进行监控，就能让计算机程序持续、系统地分析每个学生的教育数据，这样老师就能及时地关注到每个学生的情况，方便发现问题，及时改进。

7.1.3　交通大数据应用

近年来，随着经济的快速发展，机动车持有量迅速增加，交通管理现状和需求的矛盾进一步加剧。在此情况下，智能交通系统(Intelligent Transportation System，ITS)应运而生，成为未来交通系统的一个发展方向。智能交通系统涉及的用户服务领域有交通管理与规划、出行者信息、车辆安全与辅助驾驶、商用车辆管理、公共交通、电子收费等诸多方面。而大数据是智能交通的核心，可以预测个体交通行为，维系交通安全，促使交通信息服务个性化，基于实时数据为用户提供更精准的导航、停车服务，实现新型的实时互联交通服务模式。

　　交通大数据主要来源于交通道路上卡口的过车记录，前端卡口处理系统对所拍摄的图像进行分析，获取车牌号码、车牌颜色、车身颜色、车标、车辆品牌等数据，并将获取到的车辆信息连同车辆的通过时间、地点、行驶方向等信息，通过计算机网络传输到卡口系统控制中心的数据库中进行数据存储、查询、比对等处理。但是卡口覆盖范围有限，针对交通管理部门的需求以及我国的道路特点，也可通过整合图像处理、模式识别等技术，实现对监控路段的机动车道、非机动车道的全天实时监控和数据采集。数据中心逻辑框架如图 7-4 所示。

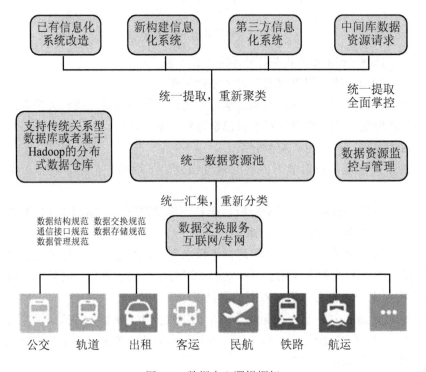

图 7-4　数据中心逻辑框架

　　交通控制中心是智能交通系统必不可少的部分。如图 7-5 所示。交通控制中心其实就是协调诱导车辆行驶并发布路网数据的控制中心，可以充分利用采集到的交通数据，管理路网并减少交通事故的发生。

图 7-5　交通控制中心

公共交通实时信息服务也是交通大数据的典型应用，如图 7-6 所示。公共交通实时信息服务可以提高服务的可靠性和服务水平，通过将采集到的公共交通的实际位置与预期位置进行对比，计算延误时间，并将公共交通的位置信息及延误时间等数据发布到沿线的其他站点及专门的 APP 及公众号上供乘客查询。

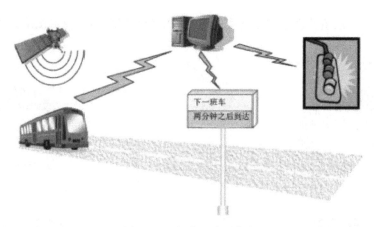

图 7-6　公共交通实时信息

7.2　应用实例：天猫大数据分析

前面介绍的都是基于大数据的应用场景。下面举一个天猫大数据分析的案例。通过八爪鱼数据采集软件从天猫上采集聚划算商品的团购信息，来对人们的购买行为进行分析。

7.2.1　需求分析

需求分析是所有工作展开的第一阶段，是整个项目实现的基础，决定了项目的成败。

在本案例中，根据天猫聚划算上采集到的数据对人们的消费行为进行分析，发现用户更喜欢参团购买的产品类型以及购买时比较关注的要素，从而帮助商家更好地应对客户需求，有针对性地推送团购商品。

7.2.2　数据采集

大数据分析最核心的就是数据的采集。在数据量庞大的今天，如何高效地获取所需要的数据，并利用这些数据反映最真实的情况，是技术人员不断努力的方向。大数据分析的数据来源有很多，包括公司或者机构的内部来源和外部来源，如图 7-7 所示。

数据采集

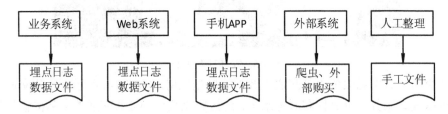

图 7-7　数据来源

常用的数据获取方法是爬虫，本案例采用八爪鱼采集器进行数据获取，获取的步骤如下：

步骤一　从八爪鱼的官方网站下载安装包，安装注册后即可免费试用。登录后的界面如图 7-8 所示。

图 7-8　八爪鱼采集器登录界面

步骤二　免费版可以通过简易采集和自定义采集来获取数据。想要获取聚划算的团购数据，点击简易采集即可进入如图 7-9 所示界面。

图 7-9　八爪鱼采集器简易采集界面

步骤三　选择聚划算商品团购信息爬虫，进入如图 7-10 所示界面。在该界面可以查看采集的字段、采集的参数、采集数据示例以及模板介绍等信息。

选择采集模版／天猫／聚划算商品团购信息爬虫

聚划算商品团购信息爬虫

模板云采集数据单价：　**免费**

套餐限制：　**旗舰版及以上** ✓

模板每日云采集量上限：　**无限制** ⓘ

更新模板时间：　2019-06-03

采集字段预览	采集参数预览	示例数据	模板介绍

标题 ⓘ	团购价格 ⓘ	团购开始日期_13位时间戳 ⓘ	团购结束日期_13位时
2周改善三高眼疾 康一生叶黄素护…	196.00	1521802799000	1521635896104
德立淋浴房定制玻璃隔断推拉移门…	1099.00	1521734399000	1521635896321
【新品】荣耀V10全面屏AI智慧手…	2499-3499	1521734399000	1521635916600

图 7-10　爬虫模板界面

步骤四　点击立即使用，进入如图 7-11 所示界面，设置基本信息及模板参数；点击保存并启动，即可开始爬取数据。

图 7-11　参数设置界面

数据爬取界面如图 7-12 所示，在该界面可以查看爬取到的数据量以及数据详细信息。

图 7-12　爬虫界面

步骤五　爬取完成后，选择导出数据，进入如图 7-13 所示界面，根据需要选择导出数据的格式。这里选择导出为 Excel 2007(xlsx)格式。

图 7-13　导出界面

7.2.3　数据清洗及处理

数据清洗是指发现并纠正数据文件中可识别的错误，包括检查数据一致性，处理无效值和缺失值等。数据清洗的目的在于删除重复信息，纠正存在的错误，并保证数据的一致性。

数据清洗

(1) 一致性检查。检查是否存在超出正常范围或者逻辑上不合理的数据，并对不合理的数据进行核对和纠正。Excel、SPSS 等计算机软件都能对超出范围的数据值进行识别。

(2) 无效值和缺失值的处理。对于存在无效值或者缺失值的数据，常用的处理方法是：估算(用样本均值等代替)、整例删除(常用于关键值缺失或者无效值缺失值占比较小的情况)、变量删除(用于不太重要的变量大量缺失的情况)和成对删除(用其他特殊字符代替)。

(3) 重复记录的检测及消除。属性值相同的记录就是重复记录，对于重复记录只需保留一条记录即可。

(4) 利用 Excel 对 7.2.2 节中采集到的数据进行清洗。如图 7-14 所示，采集到的数据中团购价格这个字段有异常值，原价字段有空值，而且还有重复记录。对这些异常值进行处理的具体步骤有三步。

标题	团购价格	团购开始日期_13位时间	团购结束日期_13位时间	原价
儿童原味套装1显彩男套装7<i>8</i>14<i>8</i>		1558573199000	1558492374569	84.00
德尚曼T86小鸭阿里普论柜1899.00		1558659599000	1558492389409	6899.00
2条简极人打底裤女薄外穿39.00		1558659599000	1558492402851	138.00
2件=39元 3件=55元 4件=6(19.90		1558659599000	1558492407326	598.00
vivo Z3水滴全面屏 (每个1348-1898		1558659599000	1558492418951	1398-2098
蒙牛真果粒混合装 (每个159.90		1558573199000	1558492442965	92.80
伊利安慕希风味酸牛奶原159.90		1558573199000	1558492456334	106.00
匹克态极1.0 PLUS男女鞋便499.00		1558573199000	1558492459356	
vivo iQOO旗舰新品 (每个2998-4298		1558659599000	1558492482938	2998-4298
vivo Z3水滴全面屏 (每个1348-1898		1558659599000	1558492418951	1398-2098
蒙牛真果粒混合装 (每个159.90		1558573199000	1558492442965	92.80
紫米面包黑米奶酪夹心蛋(19.90		1558573199000	1558492483788	63.00

图 7-14　爬取的数据记录

步骤一　替换。团购价格字段的异常值都是出现在小数点(.)、连接号(—)以及团购价格的最后面，所以可以将\<i\>.替换成.，\</i\>-替换成-，\</i\>替换成空值。选中团购价格这一列，点击查找和选择→替换，出现如图 7-15 所示对话框。输入"查找内容"和"替换为"的内容，即可完成替换。

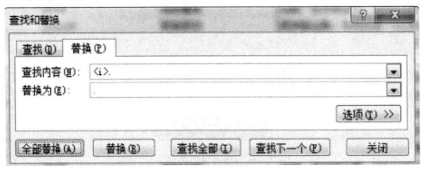

图 7-15　替换异常值对话框

步骤二　处理空值。由于商品原价是分析的一个关键值，而且空值的记录非常少，只有少数几条，所以可以筛选出这些记录并直接删除。利用数据库可以直接指定商品价格为非空进行筛选。在 Excel 中，选中所有列，点击排序和筛选→筛选，出现如图 7-16 所示对话框；在原价列选择空白值，即可筛选出原价为空白值的记录；对筛选出的记录进行删除即可。

步骤三　处理重复记录。数据库可通过去重语句直接去重，在 Excel 中，安装方方格子插件可进行去重操作。先选中所有列，再依次点击方方格子→随机重复→删除重复值，即可弹出如图 7-17 所示对话框；再点击整行对比，选择要比较的列，要保留的行，并勾上，同时删除单元格，点击确定，即可删除重复的记录。

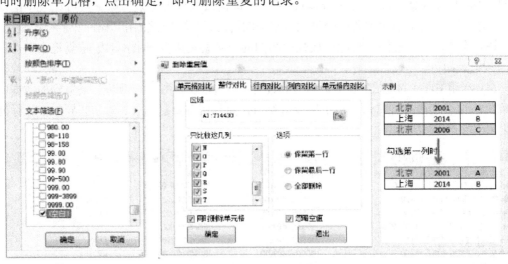

图 7-16　筛选空白值对话框　　　　　　　　图 7-17　删除重复值

7.2.4　结果分析及展示

根据 7.2.1 节中的需求，对清洗后的数据进行分析并可视化。

　　首先分析人们在聚划算上参团购买商品时，更倾向于购买什么种类的商品，然后对采集到的数据进行透视，查看不同类型商品的总销量，具体过程有五步。

　　步骤一　选中所有的数据，点击插入→数据透视表，弹出如图 7-18 所示对话框。

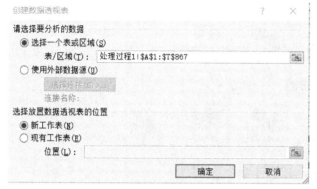

图 7-18　创建数据透视表

数据分析及可视化

　　步骤二　选择新工作表或者现有工作表，点击确定，出现如图 7-19 所示对话框。行标签选择商品分类，求值项选择总销量，即可透视出不同类型商品的总销量。

图 7-19　透视表字段列表

　　步骤三：复制透视出来的数据，选中数据，点击排序和筛选→自定义排序，出现如图 7-20 所示对话框。设置主要关键字及排序类型，这里根据总销量降序排列。

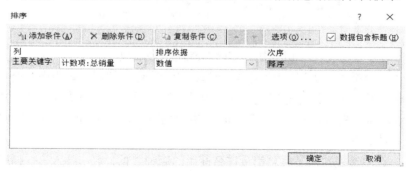

图 7-20　排序设置对话框

步骤四　对排好序的数据进行绘图。选中数据，插入 → 柱状图，出现如图 7-21 所示对话框；可根据需要选择绘图的类型，此处选择二维柱状图。

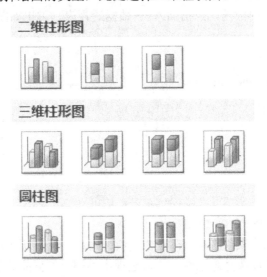

图 7-21　选择图表类型

步骤五　选择类型后得到如图 7-22 所示结果。可根据自己的喜好设置图形界面。从图 7-22 可以看出，人们最喜欢参团购买牛奶、酸奶等食品生鲜类产品，最不喜欢参团购买美妆产品。对于牛奶、酸奶等生鲜类产品，多来自旗舰店，这是因为顾客一方面不用担心有假货，另一方面参团购买确实会比超市便宜得多。而对于美妆类产品，网上购买可能比较难买到适合自己皮肤的产品，所以参团购买的人数较少。

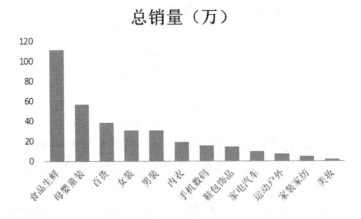

图 7-22　不同种类商品的销售情况

同理，为了分析哪种类型的店铺更能获得消费者青睐，按照上述步骤一至步骤三的描述，根据店铺、总销量以及评分情况进行透视并排序，根据总销量靠前的十个店铺，进行可视化。版本较高的 Excel 可直接选择柱状图跟折线图的模板画出图表。这里以 Word 2007 版本为例，描述绘图过程。

步骤一　选中透视并排序后总销量排名前十的店铺数据，点击插入 → 柱状图 → 二维柱状图，出现如图 7-23 所示图表。

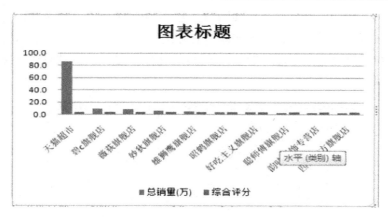

图7-23　不同店铺的销售情况柱状图

步骤二　点击次坐标即综合评分的柱状图；点击右键→更改系列图标类型，弹出如图7-24所示对话框；选择折线图，即可得到如图7-25所示组合图。

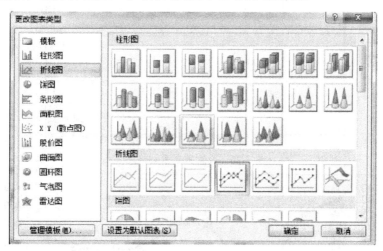

图7-24　更改图表类型

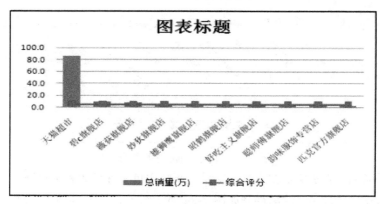

图7-25　不同店铺的销售情况组合图

步骤三　为了凸显数据差异，点击折线图。单击右键→更改系列图标类型，弹出如图7-26所示对话框。选择次坐标轴，根据喜好设置图形界面，即可得到如图7-27所示图形。从图 7-27 可以看出，顾客最喜欢参团购买天猫超市的商品，其销量要比其他店铺的销量高得多。销量前十的店铺中，绝大部分都是旗舰店，说明消费者对旗舰店的产品信赖度更高。从店铺评分来看，天猫超市的总销量高，店铺评分也高，其他总销量排名前十的店铺综合评分普遍在 4.7 以上。

图 7-26　设置数据系列格式

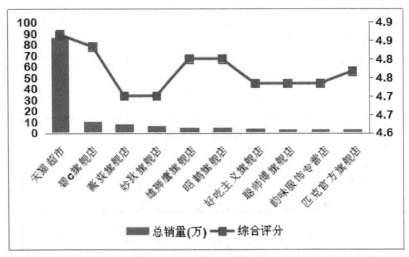

图 7-27　不同店铺的销售情况

　　下面分析商品总销量跟折扣力度的关系。折扣力度 = 团购价格 / 原价。同理，根据上述步骤创建透视表并排序、绘图得到如图 7-28 所示结果。从图 7-28 可以看出，总销量排名前十的商品，除了牛奶、酸奶类的生鲜类商品折扣力度相对较小以外，其他商品的折扣力度都较大。牛奶、酸奶类的生鲜类商品，虽然折扣力度不大，但是较实体店还是便宜不少，所以人们也愿意参团购买这类商品。

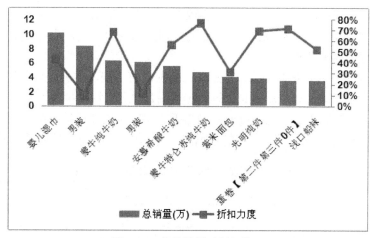

图 7-28　商品销量及折扣情况

7.2.5　总结

此案例都是利用最简单的工具来介绍数据分析过程的，涉及的数据量也不是很大，但是在实际生产生活中，进行数据分析时可能会涉及的数据量非常大，数据类型非常多，对处理速度有非常高的要求，这就需要采用大数据专用系统以及程序编写的方式进行大数据分析，其相关知识及技术框架将在 7.3 节中做详细介绍。

7.3　大数据相关知识

7.3.1　大数据特征

随着大数据时代的到来，"大数据"已经成为互联网信息技术行业的流行词汇。关于"什么是大数据"这个问题，大家比较认可的是关于大数据的 4 个"V"，或者说是大数据的 4 个特点，即数据量大(Volume)、数据类型繁多(Variety)、处理速度快(Velocity)和价值密度低(Value)。

1. 数据量大

人类进入信息社会以后，数据以自然方式增长，其产生不以人的意志为转移。从 1986 年开始到 2010 年的 20 多年时间里，全球的数据量增长了约 100 倍，今后的数据增长速度将更快，我们正生活在一个"数据爆炸"的时代。今天，世界上只有 25%的设备是联网的，大约 80%的上网设备是计算机和手机，而在不远的将来，将有更多的用户成为网民，汽车、电视、家用电器、生产电器等各种设备也将接入互联网。随着 Web 2.0 和移动互联网的快速发展，人们已经可以随时随地、随心所欲地发布包括博客、微博、微信等在内的各种信息。随着物联网的推广和普及，各种传感器和摄像头将遍布工作和生活的各个角落，这些设备每时每刻都在自动产生大量数据。

综上所述，人类社会正经历第二次"数据爆炸"(如果把印刷在纸上的文字和图形也看作数据的话，那么人类历史上第一次"数据爆炸"发生在造纸术和印刷术发明的时期)。各种数据产生速度之快，产生数量之大，已经远远超出人类可以控制的范围，"数据爆炸"成为大数据时代的鲜明特征。

根据著名咨询机构 IDC(Internet Data Center)做出的估测，人类社会产生的数据一直都在以每年 50%的速度增长，也就是说，每两年就增加 1 倍，这被称为"大数据摩尔定律"。这意味着，人类在最近两年产生的数据量相当于之前产生的全部数据量之和。预计到 2020年，全球将总共拥有 35 ZB(见表 7-1)的数据量，与 2010 年相比，数据量将增长近 30 倍。

表 7-1　数据存储单位之间的换算关系

单　　位	换　算　关　系
Byte(字节，B)	1 B = 8 bit
KB(Kilobyte，千字节)	1 KB = 1024 B
MB(Megabyte，兆字节)	1 MB = 1024 KB
GB(Gigabyte，吉字节)	1 GB = 1024 MB
TB(Trillionbyte，太字节)	1 TB = 1024 GB
PB(Petabyte，拍字节)	1 PB = 1024 TB
EB(Exabyte，艾字节)	1 EB = 1024 PB
ZB(Zettabyte，泽字节)	1 ZB = 1024 EB

对于如此庞大的数据量，常用的大数据存储方式有以下 3 种。

(1) 分布式系统。分布式系统包含多个自主的处理单元，通过计算机网络互联来协作完成分配任务，其分而治之的策略能够更好地处理大规模数据问题。

(2) NoSQL 数据库。关系型的数据库无法满足海量数据的管理需求，无法满足数据高并发的需求、高可扩展性和高可用性的功能。而 NoSQL 数据库则具有很大的优势，可以支持超大规模数据存储，灵活的数据模型可以很好地支持 Web 2.0 应用，具有强大的横向扩展能力。

(3) 云数据库。云数据库是基于云计算技术发展的一种共享基础架构的方法，是部署和虚拟化在云计算环境中的数据库。云数据库并非一种全新的数据库技术，而只是以服务的方式提供数据库功能。

2. 数据类型繁多

大数据的数据来源众多,科学研究、企业应用和 Web 应用等都在源源不断地产生数据。生物大数据、交通大数据、医疗大数据、电信大数据、金融大数据等都呈现"井喷式"增长，所涉及的数量十分巨大，已经从 TB 级别跃升到 PB 级别。

大数据的数据类型丰富，包括结构化和非结构化数据，前者占 10%左右，主要指存储在关系数据库中的数据；后者占 90%左右，种类繁多，包括邮件、音频、视频、微信、微博、位置信息、链接信息、手机呼叫信息、网络日志等。

如此类型繁多的异构数据，对数据处理和分析技术提出了新的挑战，也带来了新的机遇。传统数据主要存储在关系数据库中，但是，在类似 Web 2.0 等应用领域中，越来越多的数据开始被存储在非关系型数据库(Not Only SQL，NoSQL)中，这就必然要求在集成的过程中进行数据转换，而这种转换的过程是非常复杂和难以管理的。传统的联机分析处理(On-Line Analytical Procssing，OLAP)和商务智能工具大都面向结构化数据，而在大数据时代，用户友好的、支持非结构化数据分析的商业软件也将迎来广阔的市场空间。

3. 处理速度快

大数据时代的数据产生速度非常迅速。在 Web 2.0 应用领域，1 分钟内，新浪可以产生 2 万条微博，Twitter 可以产生 10 万条推文，苹果可以下载 4.7 万次应用，淘宝可以卖出 6 万件商品，人人网可以发生 30 万次访问，百度可以产生 90 万次搜索查询，Facebook 可以产生 600 万次浏览量。大名鼎鼎的大型强子对撞机(LHC)，大约每秒产生 6 亿次的碰撞，每秒生成约 700 MB 的数据，有成千上万台计算机分析这些碰撞。

大数据时代的很多应用都需要基于快速生成的数据给出实时分析结果，用于指导生产和生活实践。因此，数据处理和分析的速度通常要达到秒级响应，这点和传统的数据挖掘技术有着本质的不同，后者通常不要求给出实时分析结果。

为实现快速分析海量数据的目的，新兴的大数据分析技术常采用集群处理和独特的内部设计。以谷歌公司的 Dremel 为例(如图 7-29 所示)，它是一种可扩展的交互式实时查询系统，用于只读嵌套数据的分析，通过结合多级树状执行过程和列式数据结构，能够在几秒内完成万亿张表的聚合查询，系统可以扩展到成千上万的 CPU 上，满足谷歌用户操作 PB 级数据的需求，并且可以在 2～3 s 内完成 PB 级别数据的查询。

图 7-29　谷歌数据中心

4. 价值密度低

大数据虽然看起来很美，但是价值密度却远远低于传统关系数据库中已经有的数据。在大数据时代，很多有价值的信息都是分散在海量数据中的。以小区监控视频为例，如果没有意外事件发生，则连续不断产生的数据都是没有任何价值的，当发生偷盗等意外情况时，也只有记录了事件过程的那一小段视频是有价值的。但是，为了能够获得发生偷盗等意外情况时的那一段宝贵视频，不得不投入大量资金购买监控设备、网络设备、存储设备，耗费大量的电能和存储空间，来保存摄像头连续不断传来的监控数据。

假设一个电子商务网站希望通过微博数据进行有针对性的营销，为了实现这个目的，就必须构建一个能存储和分析新浪微博数据的大数据平台，使之能够根据用户的微博内容进行有针对性的需求趋势预测。愿景很美好，但现实代价很大，需要耗费几百万元构建整个大数据团队和平台，而最终带来的销售利润增加额可能会比投入低许多，从这点来说，大数据的价值密度是较低的。

对于微博数据价值密度低的问题，要怎么高效利用微博上的大数据呢？阿里和微博正在做 Big-Data-As-a-Service 的服务，用户可以根据自己的需求，直接通过阿里和微博提供的大数据服务的付费和免费接口，去对那些真正能产生价值的淘宝、微博数据进行分析。

7.3.2　大数据关键技术

当人们谈到大数据时，往往并非仅指数据本身，而是数据和大数据技术这二者的综合。所谓大数据技术，是指伴随着大数据的采集、预处理、存储、分析和应用的相关技术，是一系列使用非传统的工具来对大量的结构化、半结构化和非结构化数据进行处理，从而获得分析和预测结果的一系列数据处理和分析技术。讨论大数据技术时，首先需要了解大数据的基本处理流程，其技术框架如图 7-30 所示。

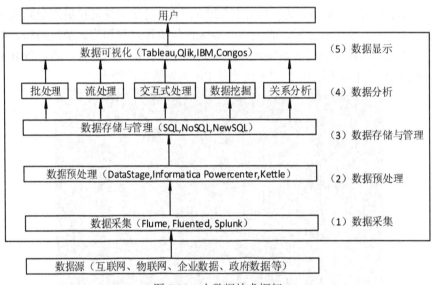

图 7-30　大数据技术框架

数据无处不在，互联网网站、政务系统、零售系统、办公系统、自动化生产系统、监控摄像头、传感器等，每时每刻都在产生数据。这些分散在各处的数据，需要采用相应的设备或软件进行采集。采集到的数据通常无法直接用于后续的数据分析，因为对于来源众多、类型多样的数据而言，数据缺失和语义模糊等问题是不可避免的，因而必须采取相应措施有效解决这些问题，这就需要一个被称为"数据预处理"的过程，把数据变到一个可用的状态。首先数据经过预处理以后，会被存放到文件系统或数据库系统中进行存储与管理；然后采用数据挖掘工具对数据进行处理分析；最后采用可视化工具为用户呈现结果。在整个数据处理过程中，还必须注意隐私保护和数据安全问题。

因此，从数据分析全流程的角度看，大数据技术主要包括数据采集与预处理、数据存储和管理、数据处理与分析、数据可视化、数据安全和隐私保护等几个层面的内容，大数据技术的不同层面及其功能见表 7-2。

表7-2 大数据技术的不同层面及其功能

技术层面	功 能
数据采集与预处理	利用 ETL 工具将分布的、异构数据源中的数据,如关系数据、平面数据文件等,抽取到临时中间层后进行清洗、转换、集成,最后加载到数据仓库或数据集市中,成为联机分析处理、数据挖掘的基础;也可以利用日志采集工具(如 Flume、Kafka 等)把实时采集的数据作为流计算系统的输入,进行实时处理分析
数据存储和管理	利用分布式文件系统、数据仓库、关系数据库、NoSQL 数据库、云数据库等,实现对结构化、半结构化和非结构化海量数据的存储和管理
数据处理与分析	利用分布式并行编程模型和计算框架,结合机器学习和数据挖掘算法,实现对海量数据的处理和分析;对分析结果进行可视化呈现,帮助人们更好地理解数据、分析数据
数据安全和隐私保护	在从大数据中挖掘潜在的巨大商业价值和学术价值的同时,构建隐私数据保护体系和数据安全体系,有效保护个人隐私和数据安全

需要指出的是,大数据技术是许多技术的一个集合体,这些技术也并非全部都是新生事物,诸如关系数据库、数据仓库、数据采集、ETL、OLAP、数据挖掘、数据隐私和安全、数据可视化等技术是已经发展多年的技术,在大数据时代得到不断补充、完善、提高后又有了新的升华,也可以视为大数据技术的组成部分。

7.3.3 大数据与云计算、物联网的关系

云计算、大数据和物联网代表了 IT 领域最新的技术发展趋势,三者既有区别又有联系。云计算最初主要包含了两类含义:一类是以谷歌的 GFS 和 MapReduce 为代表的大规模分布式并行计算技术;另一类是以亚马逊的虚拟机和对象存储为代表的"按需租用"的商业模式。但是,随着大数据概念的提出,云计算中的分布式计算技术开始更多地被列入大数据技术,而人们提到云计算时,更多指的是底层基础 IT 资源的整合优化以及以服务的方式提供 IT 资源的商业模式(如 IaaS、PaaS、SaaS)。从云计算和大数据概念的诞生到现在,二者之间的关系非常微妙,既密不可分,又千差万别。因此,不能把云计算和大数据割裂开来作为截然不同的两类技术来看待。此外,物联网也是和云计算、大数据相伴相生的技术。下面总结三者的联系与区别。

第一,大数据、云计算和物联网的区别。大数据侧重于对海量数据的存储、处理与分析,从海量数据中发现价值,服务于生产和生活;云计算本质上旨在整合和优化各种 IT 资源,并通过网络以服务的方式廉价地提供给用户;物联网的发展目标是实现物物相连,应用创新是物联网发展的核心。

第二,大数据、云计算和物联网的联系。从整体上看,大数据、云计算和物联网这三者是相辅相成的。大数据根植于云计算,大数据分析的很多技术都来自于云计算,云计算的分布式数据存储和管理系统(包括分布式文件系统和分布式数据库系统)提供了海量数据的存储和管理能力,分布式并行处理框架 MapReduce 提供了海量数据分析能力,没有这些云计算技术作为支撑,大数据分析就无从谈起。反之,大数据为云计算提供了"用武之地",没有大数据这个"练兵场",云计算技术再先进,也不能发挥它的应用价值。物联网的传

感器源源不断产生的大量数据，是大数据的重要数据来源，没有物联网的飞速发展，就不会带来数据产生方式的变革，即由人工产生阶段转向自动产生阶段，大数据时代也不会这么快就到来。同时，物联网需要借助于云计算和大数据技术，实现物联网大数据的存储、分析和处理。

可以说，云计算、大数据和物联网三者已经彼此渗透、相互融合，在很多应用场合都可以同时看到三者的身影。在未来，三者会继续相互促进、相互影响，更好地服务于社会生产和生活的各个领域。

工业物联网是工业领域的物联网技术，将具有感知、监控能力的各类采集、控制传感器或控制器以及移动通信、智能分析等技术不断融入到工业生产过程的各个环节，最终实现将传统工业提升到智能化的新阶段。如图 7-31 所示，工业物联网核心离不开三大技术：云计算、大数据、物联网。

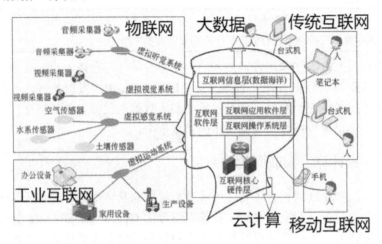

图 7-31　工业物联网与大数据、云计算及物联网的关系

7.3.4　我有话要说：小故事大智慧

故事一：第二次世界大战后期，美国对德国和日本法西斯展开了大规模战略轰炸，每天都有成千架轰炸机呼啸而去，返回时往往损失惨重。美国空军对此十分头疼，如果要降低损失，就要往飞机上焊防弹钢板；但如果整个飞机都焊上钢板，速度、航程、载弹量等都要受影响。为此，美国空军请来数学家亚伯拉罕·沃尔德(Abraham Wald)。沃尔德的方法十分简单，他把统计表发给地勤技师，让他们把飞机上弹洞的位置报上来，然后自己铺开一大张白纸，画出飞机的轮廓，再把那些小窟窿一个个添上去。画完之后大家一看，飞机浑身上下都是窟窿，只有飞行员座舱和尾翼两个地方几乎是空白。飞行员们一看就明白了：如果座舱中弹，飞行员就会牺牲；如果尾翼中弹，则飞机失去平衡就要坠落。这两处中弹，轰炸机多半会坠毁，难怪统计数据是一片空白。因此，结论很简单，即只需要给飞行员座舱和尾翼焊上钢板就行了。

故事二：沃尔玛需要提高公司的收益，分析师整理了几大区域的超市物品销售量，从销售量中发现周末啤酒和尿布的销售量都会上升。对这类物品的购买人群进行分析，发现大多数用户是婴儿的父亲。这些用户在周末采购前夫人都会嘱咐丈夫要采购尿布，而男人在购买尿布的同时也会自发采购喜爱的啤酒。发现这个现象后，沃尔玛公司下达决策，将啤酒和尿布这两个本来不相关的物品摆放在一起。这一决策大大提高了商品的销量，沃尔玛的收益也大大提高。

故事三：2009 年，Google 通过分析 5000 万条美国人最频繁检索的词汇，将之与美国疾病中心在 2003 年到 2008 年间季节性流感传播时期的数据进行比较，并建立一个特定的数学模型。最终 Google 成功预测了 2009 冬季流感的传播情况，甚至具体到特定的地区和州。

对这些小故事，你有什么想说的话？

参 考 文 献

[1] 项亮. 推荐系统实践[M]. 北京：人民邮电出版社，2012.
[2] 大数据在教育领域的应用[EB/OL].(2016-03-08). http://www.docin.com/p-1480494315.html.
[3] 何承，朱扬勇. 城市交通大数据[M]. 上海：上海科学技术出版社，2015.
[4] 张博文. 城市智能交通系统当中大数据的应用[J]. 电子技术与软件工程，2017(16):171.
[5] 陆泉，张良韬. 处理流程视觉下的大数据技术发展现状与趋势[J]. 信息资源管理学报，2017(4)：19-30.
[6] 张良均，王璐，谭立云，等. python 数据分析与挖掘实战[M]. 北京：机械工业出版社，2017.
[7] 刘峰. 互联网进化论[M]. 北京：清华大学出版社，2012.

习题

第八章 云计算技术与应用

8.1 应用场景

8.1.1 天猫"双 11"

如今,"双 11"已成为购物者的狂欢节,"双 11"最大的诱惑就是价格优惠,商家的"满额减"、预付折扣、秒杀、裂变红包等促销手段,可以帮买家省下不少钱。每年"双 11"来临之前,就会有不少人早早列好清单,打算把接下来一年需要的主要日用品一次性购入。而有些心心念的衣物、零食和书籍,如果距离"双 11"不是太遥远,则会暂时忍住需求,等到"双 11"再买入。

图 8-1 展示了天猫"双 11"全球狂欢节的统计数据。

2009 年 11 月 11 日,阿里巴巴全天交易额 5000 万元;2014 年 11 月 11 日,阿里巴巴全天交易额 571 亿元;2015 年 11 月 11 日,天猫全天交易额 912.17 亿元;2016 年 11 日 24 时,天猫全天交易额超 1207 亿元;2017 年"双 11"天猫、淘宝总成交额 1682 亿元;2018 年天猫"双 11"全天交易额 2135 亿元。

2018 年天猫"双 11"刚开幕就开启了一路破纪录的超速度:2 分 5 秒破百亿,达到 1000 亿元时间比去年缩短 7 小时,15 小时 49 分超越去年全年成交额。

图 8-1 天猫"双 11"全球狂欢节

每年"双 11"即将到来之时,当"剁手党们"在反复确认购物车之后静静等待零点的那一刻,在网络另一端,阿里巴巴、亚马逊、京东等电商平台的程序员们,则在战战兢兢应对年度最强数据洪峰的袭来。程序员们应对数据洪峰的利器,就是"云计算"。

2018 年"双 11"期间，在阿里巴巴的云计算平台"阿里云"上，新增的弹性计算能力累计超过 1000 万核，相当于在一天内新增近百万台高端服务器。也许人们对这个计算处理能力的数字没有概念，但是阿里的工程师打了一个比方：这个实时计算处理能力相当于一秒钟内读完 120 万本 2018 年新版的《新华字典》。

为此，阿里云在中国、新加坡、美国、欧洲、中东、澳大利亚、日本等国家开设了几十个数据中心，架设了拥有海量服务器的云计算集群，运行自主研发的飞天(Apsara)云计算操作系统，管理着互联网规模的基础设施和云计算资源。正是阿里云建立和运营的遍布全球的云计算基础设施，使得大家在"双 11"可以顺利买买买。

8.1.2 春晚抢红包

自从 2014 年微信支付推出了春晚红包以来，春晚"抢红包"已经成为一种新风俗。2015 年微信支付和春晚合作，让用户通过"摇一摇"的方式抢红包；2016 年，央视春晚与支付宝合作，用户通过"集五福"等方式抢红包；2018 年，央视春晚与淘宝合作，发出春晚红包及奖品；2019 年，央视春晚与百度合作，通过百度 APP 抢红包。

如图 8-2 所示，2019 年春晚，百度经过四轮总计达到了 208 亿次红包互动！当抢红包成为除夕夜的标配时，带给科技互联网公司的不仅是全民关注的高光时刻，更是面对流量高峰时如何保障用户体验的胆战心惊。

图 8-2 2019 年百度央视春晚红包互动次数

以 2019 年为例，春晚数据流量为每秒峰值 5000 万次，每分钟峰值 10 亿次，成为"史上最大红包流量"。在强大瞬时流量的集中轰炸下，百度保持了用户抢红包的顺畅体验，并实现了系统零宕机。那么，问题来了：面对史上最强流量高峰，百度是如何做到这一点的？

答案在于其有强大的百度智能云计算技术作为底层支撑。以百度阳泉云计算中心为例，目前已上线服务器超过 15 万台、超过 300 万个 CPU 核、存储容量超过了 6 EB，按照

T3＋标准设计，服务器装机能力超过 28 万台。这些以云计算中心为代表的"硬核"实体基础设施，已成为保障"春晚抢红包"这些大型活动的幕后功臣。

8.1.3　360 云盘

当装满几个活动硬盘的收藏，却因为硬盘故障而丢失的时候，人们把它们都上传到网盘中做备份。

当有几个吉字节的资料想传给朋友的时候，人们会把文件上传到网盘中，再生成链接分享给朋友。

当想在电脑和手机之间传递照片、视频的时候，人们会通过网盘来传递。

如今，网盘已经成为日常生活中存储数据、传递数据必不可少的工具。市面上的网盘很多，比如百度网盘、360 云盘、腾讯网盘、UC 网盘、华为网盘等，下面以 360 云盘为例，了解它的主要功能。

360 云盘为广大企事业单位和实名个人用户提供云存储及文件共享服务。图 8-3 展示了 360 网盘的基本界面。

图 8-3　360 网盘界面

360 网盘的基本功能有：

(1) 文件存储：文件上传下载，安全传输，便捷管理云端文件。

(2) 自动备份：本地文件有变化时自动上传，一键备份桌面。

(3) 多端同步：文件自动上传下载，实现多台电脑间文件同步。

(4) 搜索：支持搜索"我的文件"，查找文件方便快捷。

(5) 分享：可链接分享"我的文件"中的文件。

(6) 清理重复文件：快速清理重复文件，有效节省空间。

(7) 保险箱：文件存入保险箱，更加安全有保障。

(8) 文件共享：团队成员之间可共享文件，协同办公。(铂金版套餐支持)

(9) 权限管理：共享文件夹可以指定成员权限。(铂金版套餐支持)

(10) 成员管理：团队管理员可创建团队，随时增减团队成员。(铂金版套餐支持)

(11) 可以提供网页版、Windows 版、Mac 界面版、Mac 同步版、Android 版、iOS 版。

网盘是最常见、最直观的云计算服务之一。使用者不再需要购买服务器、硬盘，只需要将数据储存在云上，就可以在任何时间、任何地方，透过任何可联网的装置(电脑、手机、平板等)连接到云上方便地存取数据。而云存储设备的购买、云存储系统的构建和运行维护，则由提供网盘服务的公司去做。提供网盘服务的公司需通过磁盘阵列冗余备份、多数据中心容灾备份、文件多副本备份、周期性数据校验与恢复等手段，来保证使用者的数据不会丢失。

8.1.4　百度 AI 开放平台

语音识别、人脸识别、无人驾驶、机器人⋯⋯这些高大上的人工智能技术，在前面的课程中已经有了直观的体验。使用者可以打开 http://ai.baidu.com/ 这个链接试着自行开发人工智能技术。

在百度 AI 开放平台中，使用者可以简单地通过"成为开发者、创建应用、获取密钥、生成签名、启动开发"等五个步骤进行人工智能应用的开发，也可以直接使用集成多项能力的解决方案进行人工智能系统的开发。目前，可使用的人工智能算法包括语音技术、图像技术、文字识别、人脸与人体识别、视频技术、AR 与 VR、自然语言处理、数据智能、知识图谱等。

以图 8-4 所示的人脸检测为例，介绍百度 AI 开放平台的基本功能。

图 8-4　百度 AI 开放平台人脸检测功能介绍

使用人脸检测可以实现以下功能：

(1) 智能相册分类。基于人脸识别技术，可自动识别照片库中的人物角色，并进行分类管理，从而提升产品用户体验。

(2) 人脸美颜。基于五官及轮廓关键点识别，可对人脸特定位置进行修饰加工，实现人脸的特效美颜、特效相机、贴片等互动娱乐功能。

(3) 互动营销。基于关键点、人脸属性值信息，匹配预先设定好的业务内容，可用于线上互动娱乐营销，如脸缘测试、名人换脸、颜值比拼等。

众所周知，AI 技术的发展，背后有算力、算法、数据三大基本要素的支撑。强大的 GPU+CPU 异构运算能力、海量的分布式大数据存储和处理能力、AI 应用的弹性扩展能力是人工智能应用必不可少的支撑。在 AI 时代,越来越多的企业将会智能化升级,更多复杂的生产环节需要数字化;这些 AI 算力的需求,对于支撑 AI 的云计算平台提出了更高的要求,需要更强的计算能力以及能够提供针对性的定制化解决方案。

因此,百度 AI 只是百度智能云中的重要一环。百度智能云通过基础云(云计算基础服务)、天智(人工智能)、天像(智能多媒体)、天算(智能大数据)、天工(智能物联网)五大平台,帮助企业落地人工智能应用,通过 ABC(AI、Big Data、Cloud Computing)三位一体推动整个行业经济的发展。而基础云提供的高规格数据中心、高效稳定的计算服务、可靠安全的存储服务正是整个百度智能云的基础。百度智能云的具体架构如图 8-5 所示。

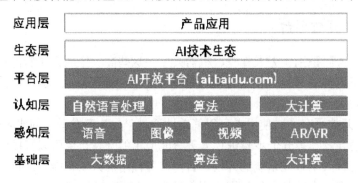

图 8-5　百度智能云架构

8.2　应用实例:私有云系统

在企业云平台、政府云平台或是学校云平台的建设中,用户常常会搭建属于自己的云系统,这就是私有云平台。

8.2.1　私有云系统的直观体验

在私有云系统中,可以使用多台高性能服务器,并通过高速局域网连接来搭建统一的物理云计算平台,供所有用户共享资源。这些设备均安装在以图 8-6 为例的数据中心机房内。

图 8-6　数据中心机房

在使用云平台的服务时,只需在图 8-7 所示的场所内使用终端机或 PC 机,通过网络远程访问私有云系统，即可构建或使用所需的服务。例如，用户需要架设 Web 服务器，为员工和客户提供网页浏览服务；需要架设 Mail 服务器，为员工提供电子邮箱服务；需要架设 OA 服务器，为员工提供办公自动化系统。

图 8-7　私有云系统操作终端室

用户登录到自己的账户中，即可看到图 8-8 所示的管理界面。在这个管理界面下，可以新建虚拟机来仿真服务器，可以构建连接虚拟机的虚拟网络来仿真交换机和网线，还可为虚拟机安装操作系统、运行环境和应用软件，就像使用真实的设备一样来构建服务系统。

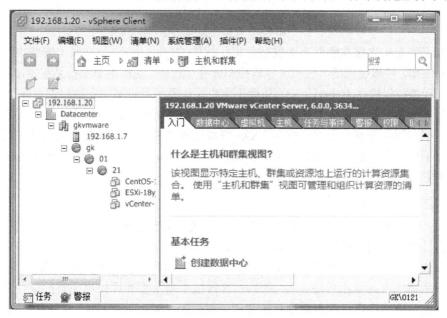

图 8-8　私有云平台管理界面

8.2.2　虚拟化技术基本原理

1. 虚拟化技术

虚拟化技术是云计算系统的基础。虚拟化是指将一台物理计算机虚拟为多台逻辑计算机。在一台计算机上同时运行多个逻辑计算机，每个逻辑计算机可运行不同的操作系统，并且应用程序都可以在相互独立的空间内运行而互不影响，从而显著提高计算机的工作效率。

虚拟化重新定义了 IT 资源(如计算资源、存储资源、网络资源等)的使用方法，可以实现 IT 资源的动态分配、灵活调度、跨域共享，提高 IT 资源利用率，使 IT 资源能够真正成为社会基础设施，服务于各行各业中灵活多变的应用需求。

根据实现方式不同，虚拟化架构分为裸金属型和宿主型两种，如图 8-9 所示。

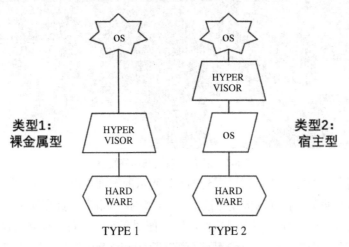

图 8-9　虚拟化架构分类

裸金属型架构直接在硬件上面安装虚拟化软件(Hypervisor)，再在其上安装虚拟机的操作系统和应用，依赖虚拟层内核和服务器控制台进行管理。而宿主型架构是在操作系统之上安装和运行虚拟化程序(Hypervisor)，依赖于主机操作系统对设备的支持和物理资源的管理。

例如图 8-8 所示的私有云系统，采用 VMWare 公司的 vSphere 平台，就是采用裸金属型架构，即在服务器硬件上直接安装 ESXi 虚拟化软件来构建云平台。而 KVM 虚拟化平台，就是采用宿主型架构，即先在服务器硬件上安装 Linux 操作系统，再在 Linux 上运行 KVM 虚拟化软件(已包含在 Linux 内核中)。

2. 虚拟机与容器

前面介绍的虚拟化技术，主要是针对操作系统层面的虚拟化(即虚拟机技术)；除此之外，还有针对容器的虚拟化(如 docker 容器技术)。

传统的虚拟机技术是虚拟出一套硬件后，在上面运行一套完整的操作系统，在该系统上再运行所需的各种应用程序；而 docker 容器技术则不需要虚拟出完整的硬件和操作系统，容器内的应用程序进程直接运行于物理计算机操作系统的内核上，容器内没有自己的内核，也没有自己的虚拟硬件。虚拟机与容器的虚拟化方式如图 8-10 所示。

docker 容器技术相比传统的虚拟机技术有很多优势，比如：

(1) 容器启动速度在秒级，而虚拟机在分钟级；

(2) 容器的硬盘空间占用一般为几十到几百兆字节，而虚拟机一般都在几个吉字节；

(3) 容器的运行速度等性能一般与直接运行在硬件上相差无几，而虚拟机则要慢很多；

(4) 单台物理服务器可支持上千个容器，而一般的只能支持几十个虚拟机。

当然，虚拟机也有它的优势，如一般认为虚拟机比容器更加安全、硬件隔离度更高、功能更加丰富等。

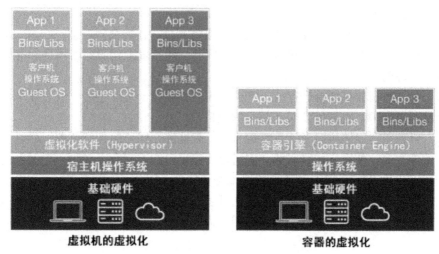

图 8-10　虚拟机与容器的虚拟化方式

如今，基于容器技术的 docker 已经比较普及，应用日益广泛，成为未来云计算发展的热点。但容器技术并不是替代虚拟机的技术，两种技术和谐共存，各自具有不同的特征和适合的应用场景。

8.2.3　私有云平台的基本实现

私有云平台可以实现资源共享，让用户方便的构建和使用各种服务。首先看看图 8-11 所示的私有云系统架构。

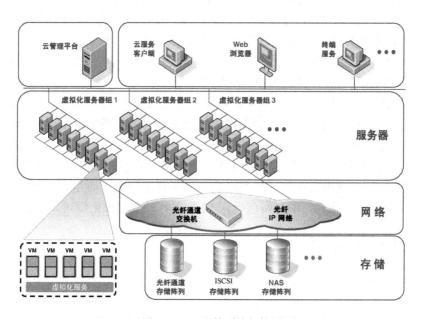

图 8-11　云计算系统架构图

第一，可使用多台物理服务器构成云计算系统的核心——虚拟化服务器集群。虚拟化服务器上安装有虚拟化基础软件(如基于 Linux 的 KVM、VMWare 公司的 ESXi 等)，来提供基本的虚拟化服务。

第二，可使用很多磁盘构建存储阵列，来提供海量的存储空间。

第三，可使用光纤通道交换机构建 IP 局域网，连接虚拟化服务器集群和存储阵列，从而构成云计算的物理平台。

第四，为了对云计算平台进行统一管理，还需要架设云管理平台。云管理平台可以安装在独立的服务器中，也可以安装在某个虚拟机中。

第五，只要用户能够访问云计算管理平台，就能够在网络的任意位置，通过用户名和密码登录管理平台，使用云计算服务。访问云计算平台的方式有很多种，可以采用专用的客户端程序，也可以使用 Web 浏览器或终端服务。

第六，登录云计算管理平台后，用户就可以在自己专有的用户空间内部署虚拟机、组建虚拟网络、架设服务器，从而构建和使用所需的服务。

8.3　云计算的服务体系与组织模式

8.3.1　云计算的定义

云计算的定义有很多，最广为接受的是美国国家标准与技术研究院(NIST)的定义：云计算是一种按使用量付费的模式，这种模式提供可用的、便捷的、按需的网络访问，进入可配置的计算资源共享池(资源包括网络、服务器、存储、应用软件、服务)，这些资源能够被快速提供，只需投入很少的管理工作或与服务供应商进行很少的交互。

云计算的定义用通俗的语言翻译一下，那就是：云计算就是让我们像使用自来水、电力、燃气一样，使用 IT 资源。用户拧开龙头(终端)，IT 资源就像自来水一样喷涌而出，供用户使用。在这里，IT 资源包括计算资源、存储资源、网络资源、软件资源、服务资源等。而终端就是常用的手机、PC 机、客户终端机等。

当然，像使用自来水一样，用户也需要为所使用的 IT 资源付费。只不过，用户是按照资源的使用量付费。和传统 IT 资源获取方式相比，用户要搭建一个服务器系统，使用云计算后就不再需要购买一台真正的服务器，而是在云平台 (如阿里云、腾讯云、百度云、华为云等) 上租用一台虚拟服务器使用，不需要时直接退租即可。再比如，用户想要 1TB 的存储空间，使用云计算后就不再需要购买移动硬盘，而是在网络云盘 (如百度网盘、360 云盘、腾讯网盘、华为网盘等)上注册账号，直接使用即可。

8.3.2　云计算的服务体系

云计算首先是一种服务，是基于互联网的 IT 服务的添加、使用和交互模式，一般是通过互联网来提供动态、易扩展的虚拟化资源。这种服务或资源可以是硬件资源、软件资源、互联网资源，也可是其他服务资源。云服务的体系架构如图 8-12 所示。

图 8-12　云服务体系架构图

在传统的 IT 服务体系架构中，如果用户构建自己的 IT 系统，要关注三个层面的子系统。首先是基础设施层，用户需要购买服务器硬件，购买路由器和交换机来组建局域网，购买磁盘阵列来提供充足的存储空间。其次是平台层，用户需要在服务器上安装操作系统、中间件和运行环境来保证 IT 服务应用软件能正常运行。最后是应用软件层，用户需要在搭建好的服务器中安装服务应用软件来提供 IT 服务。

在云服务体系中，用户可以基于以上的三个层面提供云服务。

1. IaaS：Infrastructure-as-a-Service(基础设施即服务)

IaaS 提供给用户的服务是对所有计算基础设施的利用，包括处理 CPU、内存、存储、网络和其他基本的计算资源。用户能够部署和运行任意软件，包括操作系统和应用程序。消费者不管理或控制任何云计算基础设施，但能控制操作系统的选择、存储空间、部署的应用，也有可能获得有限制的网络组件(例如路由器、防火墙、负载均衡器等)的控制。

有了 IaaS，用户可以将硬件外包到别的地方去。IaaS 公司会提供场外服务器、存储和网络硬件供用户租用，节省了维护成本和办公场地，公司可以在任何时候利用这些硬件来运行其应用。一些大的 IaaS 提供商包括 Amazon、Microsoft、VMWare、Rackspace、Red Hat、阿里云、腾讯云、百度云、华为云等。

2. PaaS：Platform-as-a-Service(平台即服务)

PaaS 提供给用户的服务是应用服务软件的运行和开发环境，是面向开发人员的云计算服务模式。借助 PaaS 服务，用户无须过多地考虑底层硬件和基本软件环境，就可以方便地使用很多在构建应用时的必要服务，比如安全认证等。同时，不同的 PaaS 服务支持不同的编程语言，比如 Net、Java、Ruby 等，而有些 PaaS 支持多种开发语言。由于 PaaS 层位于 IaaS 和 SaaS 之间，所以很多 IaaS 及 SaaS 服务商很自然地就在本身的服务中加入了 PaaS，打造成一站式的服务体系。

公司所有的开发都可以在这一层进行，节省了时间和资源。PaaS 公司在网上提供各种开发和分发应用的解决方案，比如虚拟服务器和操作系统，这节省了用户在硬件上的费用，也让分散的工作室之间的合作变得更加容易。一些大的 PaaS 提供商有 Google App Engine、Microsoft Azure、Force.com、Heroku、Engine Yard，当然也包括国内的阿里云、腾讯云、百度云、华为云等。

3. SaaS：Software-as-a-Service(软件即服务)

SaaS 是一种通过 Internet 提供软件的模式。厂商将应用软件统一部署在云计算平台上，客户可以根据自己的实际需求，通过互联网向厂商定购所需的应用软件服务，按定购的服务多少和时间长短向厂商支付费用，并通过互联网获得厂商提供的服务。用户不用再购买软件，而改用向提供商租用基于云计算的 SaaS 软件；软件厂商在向客户提供互联网应用的同时，也提供软件的离线操作和本地数据存储，让用户随时随地都可以使用其定购的软件和服务。

SaaS 是和用户的生活每天接触的一层，大多是通过网页浏览器来接入。任何一个远程服务器上的应用都可以通过网络来运行。用户消费的服务完全是从网页如 pan.baidu.com 或者苹果的 iCloud 那里进入这些分类。

图 8-13 详细展示了用户构建传统应用，和分别在 IaaS、PaaS、SaaS 上构建或使用应用时，所关注功能结构的区别。

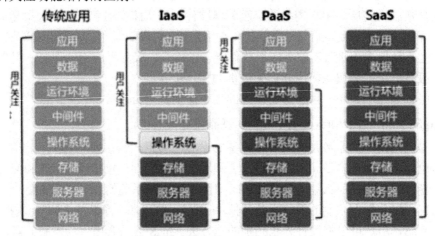

图 8-13　云服务功能结构图

构建传统应用时，用户要负责从最底层硬件到最上层应用的全套软硬件设施部署。既要关注网络、服务器、存储设备的配置和连接，也要安装维护操作系统、中间件和应用的运行环境；最后还要部署应用软件、维护应用数据。

采用 IaaS 云服务时，底层的网络、服务器和存储硬件的安装管理均由云服务商提供。云服务商根据用户配置要求提供各种虚拟机。用户只需要在云系统提供的虚拟机中安装维护操作系统、中间件和应用的运行环境，部署应用软件、维护应用数据即可。

采用 PaaS 云服务时，云服务商不仅负责网络、服务器和存储硬件的安装管理，还负责虚拟机中操作系统、中间件和应用的运行环境的安装维护；云服务商向用户提供的是应用软件开发部署的全套软硬件环境。用户只需在此环境中开发部署应用软件、维护应用数据即可。

采用 IaaS 云服务时，云服务商负责了传统应用构建的所有内容。用户只需根据自身需求订购应用服务即可。

下面，举个例子说明以上四种模式的区别。

小明想要建立一个网站，做网站站长。

如果不采用云服务，他所需要做的是：购买服务器、安装服务器软件、编写网站程序、运营网站。

现在，他想使用云计算的服务。如果他采用 IaaS 服务，那么意味着不用自己买服务器了，随便在哪家公有云服务商购买虚拟机即可；但是还是需要自己安装服务器软件。

如果他采用 PaaS 服务，那么意味着既不需要买服务器，也不需要自己装服务器软件，只需要自己开发网站程序。

如果再进一步，小明购买某些在线论坛或者在线网店的 SaaS 服务，这意味着他也不用自己开发网站程序，只需要使用在线网店开发好的程序，而且在线网店会负责程序的升级、维护、增加服务器等，而小明只需要专心运营网站即可。

8.3.3 云计算的组织模式

在使用云计算服务时，常常会接触到"公有云""私有云"的概念。比如我们说，阿里云是公有云，腾讯云是公有云，学校的实训云平台是私有云。那么它们是什么意思呢？

1. 公有云

公有云是指用户所使用的云服务并非用户自己所拥有的，而是由 IDC(互联网数据中心)服务商或其他机构，向大众提供各种云资源的服务组织模式。这些云资源在服务商的场所(数据中心)内部署，用户通过 Internet 互联网来使用这些资源。国内的公有云服务提供商有阿里云、腾讯云、华为云等，国外的公有云服务提供商有 Amazon、Google 和微软等。

公有云能够提供的云服务种类非常多，基本涵盖了用户对于 IT 系统的绝大部分需求。同时，公有云通常可以免费或价格低廉地使用一些基本款服务，也可以根据自己的需求定制云服务，并采用包年包月、按量付费或竞价型付费等方式，根据使用服务的配置高低付费。下面，结合阿里云，登录 https://www.aliyun.com/看一看其所提供的服务。

阿里云不仅提供各系列的产品，还提供丰富的解决方案。阿里云产品详见表 8-1。

表 8-1 阿里云产品

产品系列	产 品 种 类
云计算基础	弹性计算、存储服务、网络、CDN 与边缘、数据库、云通信
安全	基础安全、数据安全、业务安全、身份管理、安全服务
大数据	大数据计算、大数据搜索与分析、数据可视化、数据开发、大数据应用
人工智能	智能语音交互、图像搜索、自然语言处理、印刷文字识别、人脸识别、图像识别、内容安全、机器学习平台、机器翻译
企业应用	域名与网站、知识产权服务、应用服务、移动云、视频云、消息队列、微服务、智能客服、智能设计服务、专有云、区块链、SaaS 加速
物联网	物联网平台、低功耗广域网、边缘服务、设备服务、物联安全、软硬件一体化应用

选择最基本的"弹性计算"服务看一看：

(1) 如果想构建简单的服务器环境，可以选择"轻量应用服务器 (Simple Application Server)"，它可以快速搭建且易于管理，能提供基于单台服务器的应用部署、安全管理、运维监控等服务，一站式提升服务器使用体验和效率。

(2) 如果想量身定制专用的服务器环境，可以选择"云服务器 ECS(Elastic Compute Service)"，它可以提供弹性可伸缩的计算服务来降低 IT 成本，提升运维效率，使用户更专注于核心业务创新。

(3) 如果想进行人工智能相关的开发和应用部署，可以选择"GPU 云服务器"，它可以提供基于 GPU 应用的计算服务，适用于 AI 深度学习、视频处理、科学计算、图形可视化等应用场景。

阿里云还提供丰富的解决方案，用户可以根据自己的应用场景进行选择。阿里云的解决方案详见表 8-2。

表 8-2　阿里云解决方案

方案系列	产　品　种　类
通用解决方案	网站、IPv6、企业互联网架构、网络、云存储、迁移、区块链、SAP 云等
行业解决方案	行业解决方案、新零售、新金融、新制造、新能源、新技术、智能工业、大游戏、大视频等
安全解决方案	安全解决方案、等保合规安全、新零售安全、政务云安全、互联网金融安全、游戏安全、社交/媒体 spam、混合云态势感知、IPv6 云安全等
大数据解决方案	大数据解决方案、智慧场馆、智能设备搜索、大数据仓库、云上数据集成、台风路径分析、工业大数据服务、企业数据服务、智能旅游等

例如，我们想开一家电商业务的创新创业公司，那么架设一个网站是非常重要的事情。

首先，要确定自己的需求和预算，在如图 8-14 的云服务器 ECS 实例类型中选择合适的套餐。对于初创企业，可以选择购买轻量应用服务器套餐。

图 8-14　"网站"通用解决方案套餐

接下来，就可以按照解决方案的步骤，选择合适的模板，搭建自己的网站了。

2. 私有云

私有云是企业传统数据中心的延伸和优化，能够针对各种功能提供存储容量和处理能力。"私有"更多是指此类平台属于非共享资源。私有云是为了一个客户单独使用而构建的，云平台的资源为包含多个用户的单一组织专用。私有云可由该组织、第三方或两者联合拥有、管理和运营。私有云的部署场所可以是在机构内部，也可以在外部。

因为私有云是为一个客户(如企业、政府、学校等)单独使用而构建的，因而提供对数据、安全性和服务质量的最有效控制。客户拥有基础设施，并可以控制在此基础设施上部署应用程序的方式。私有云可部署在客户数据中心的防火墙内，也可以部署在一个安全的主机托管场所，具有较高的安全性。

"8.2.1 私有云系统的直观体验"一节中介绍的云平台即是私有云，大家可以比较一下它与上一部分介绍的公有云在使用方面的区别。

3. 混合云

混合云是由两种不同模式(私有云、公有云)的云平台组合而成。这些平台依然是独立实体，但是利用标准化或专有技术实现绑定，彼此之间能够进行数据和应用的移植，例如在不同云平台之间的数据容灾备份和负载均衡。

由于安全和控制原因，并非所有的客户信息都能放置在公有云上，这样大部分已经应用云计算的客户将会使用混合云模式。

下面，再详细比较一下公有云和私有云的区别。

区别1：从云的建设地点划分，公有云是互联网上发布的云计算服务，云资源在提供商的场所内；私有云是客户组织内部(专网)发布的云服务，搭建云平台所需的资源由企业自给。

区别2：从云服务的协议开发程度划分，公有云是协议开放的云计算服务，不需要专有的客户端软件解析，所有应用以服务的形式提供给用户，而不是以软件包的形式提供；私有云则需要最终用户有专用的软件，当然现在越来越多的私有云平台也采用通用的Web浏览器方式来提供服务。

区别3：从服务对象划分，私有云是为"一个"客户单独使用而构建的，因而提供对数据、安全性和服务质量的最有效控制；公有云则是针对外部客户，通过网络方式提供可扩展的弹性服务。

那么，用户到底是采用公有云还是私有云呢，这需要根据用户的需求和关注点做综合分析比较确定。三种云计算组织模式的优缺点详见表8-3。

表8-3　云计算组织模式优缺点分析

项目	公有云	私有云	混合云
优点	成本低，扩展性非常好	数据安全和服务质量都较公有云有着更好的保障	可根据需求，充分发挥公有云和私有云的优点
缺点	对于云端的资源缺乏控制，保密数据的安全性、网络性能和匹配性问题	成本相对较高，需要较高的建设和维护能力	架构较为复杂

8.4　技术体验：使用公有云搭建我的第一个网站

大多数公有云都提供有免费上云的实践机会。下面，就以阿里云为例，利用公有云平台搭建自己的第一个网站，来真正体验一下云计算技术。也可以采用私有云来体验，步骤和效果都是类似的。

项目任务：利用公有云平台搭建网站。通过浏览器访问该网站，会显示"This is my first Web site."。

实训步骤如下：

步骤一　注册并登录"阿里云"。

首先，在 https://www.aliyun.com/网站注册一个账户，进行实名认证，并登录。然后在"最新活动"中找到"获取免费上云实践机会"进行体验。

步骤二　选择免费套餐，并配置云服务器。

如图 8-15 所示，在"个人免费套餐产品"中，选择最简单的"云服务器 ECS"进行体验。阿里云的免费套餐需要一定的参与条件，不符合要求的用户可以通过其他云平台或其他方式体验。

基础版配置

○ 适用轻量级网站、低负载应用场景
○ 1个月 可免费使用的累积运行时长

免费体验　**1 个月**

免费领取（10:00 开抢）

技术体验：使用公有云搭
建我的第一个网站

图 8-15　选择个人免费套餐

选择"免费领取"后，就需要对所领取的云服务器规格进行配置。像购买笔记本电脑、PC 机一样，用户主要关注云服务器的 CPU、内存、硬盘等硬件配置，还需要配置服务器所在地域和操作系统。如图 8-16 所示，"地域"尽量选择用户所在的区域。操作系统提供了常用的类型，这里选择搭建服务器常用的 CentOS(Linux)操作系统，并选择"CentOS7.264位"版本。

点击"立即领取"后，稍等片刻，就会收到阿里云的短信提醒，得到云服务器的实例名(就是云服务器的名称，由阿里云自动分配)、公网 IP 地址、用户名等信息。

这时，进入如图 8-17 所示的"控制台"即可查看个人账户中所拥有的资源概览。

图 8-16　云服务器配置

图 8-17　云平台资源概览

步骤三　配置操作系统登录密码和远程访问密码。

通过如图 8-18 所示的实例列表，可对云服务器进行具体操作。

首先，在"更多"操作中选择"重置实例密码"，设置操作系统中 root 用户的密码。密码设置有复杂的规则，建议设置为 "Pa$$w0rd"，便于记忆。在手机短信验证后，即可重设密码，并重启实例使密码生效。

其次，点击"远程连接"进行控制台管理操作，并记住系统显示的"远程连接密码"。

图 8-18　云服务器实例操作界面

步骤四　远程登录云服务器，安装、配置并启动 Web 服务。

在管理界面中，远程登录云服务器。在正确输入用户名(root)和密码(Pa$$w0rd)后，就进入到图 8-19 所示的 CentOS 操作系统，可以进行下一步 Web 服务的安装、配置和启动。

图 8-19　远程登录云服务器

首先，如图 8-20 所示，执行"yum install httpd"命令，安装 Web 服务器。httpd 是 Apache Web 服务器软件的主程序。

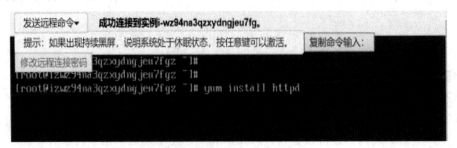

图 8-20　安装 Web 服务程序

安装成功后，如图 8-21 所示，执行"service httpd start"命令，启动 Web 服务。

图 8-21　启动 Web 服务

最后，如图 8-22 所示，执行"echo "This is my first Web site. ">/var/www/html/index.html"命令，将要求的内容写入网站主页文件 index.html。

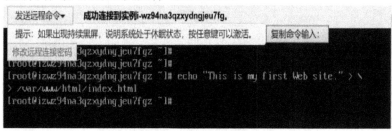

图 8-22　配置网站主页文件

这时已经完成了个人 Web 服务的安装、配置并启动。但此时通过浏览器是无法访问个人网站的，因为还需要配置云服务器的安全规则。

步骤五　配置云服务器安全访问规则。

"安全组规则"是访问控制的重要手段，在云端提供类似虚拟防火墙功能。通过添加安全组规则，可以允许或禁止安全组内的云服务器对公网或私网的访问。

默认配置下，云服务器只允许 ICMP 协议(Internet 控制报文协议，包括常用的 ping 命令)、SSH 协议(Secure Shell，建立在应用层基础上的安全协议，最常用的远程访问方式，使用 TCP 22 端口)、远程桌面协议(使用图形化桌面实现远程访问，使用 TCP 3389 端口)的访问。

首先，选择"网络与安全组"中的"安全组配置"操作，点击"配置规则"，重点关注"入方向"的规则配置，如图 8-23 所示。

	授权策略	协议类型	端口范围	授权类型(全部) ▼	授权对象	描述	优先级	创建时间
□	允许	全部 ICMP(IPv4)	-1/-1	IPv4地址段访问	0.0.0.0/0	System created rule.	110	2019年5月
□	允许	自定义 TCP	22/22	IPv4地址段访问	0.0.0.0/0	System created rule.	110	2019年5月
□	允许	自定义 TCP	3389/3389	IPv4地址段访问	0.0.0.0/0	System created rule.	110	2019年5月

图 8-23　查看安全组规则

接下来，通过"克隆"的方式添加"安全组规则"，如图 8-24 所示，设置入方向允许外网所有 IP 地址访问云服务器的 HTTP 协议 80 端口，即 Web 服务。

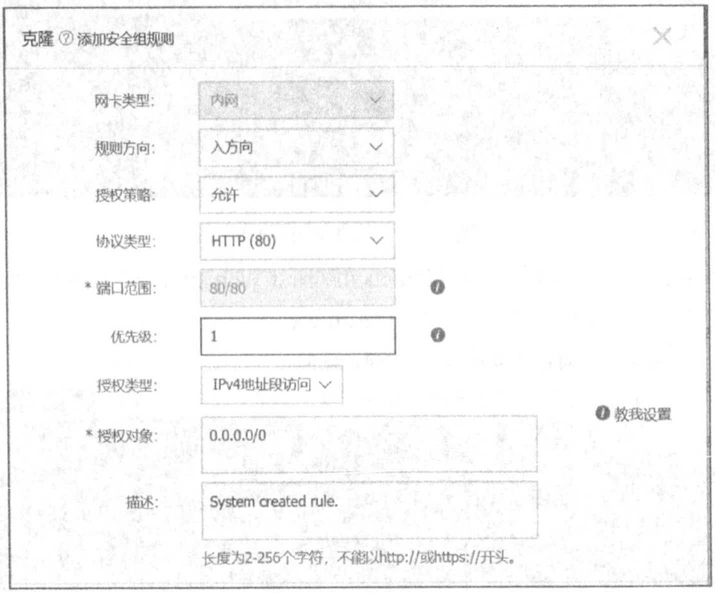

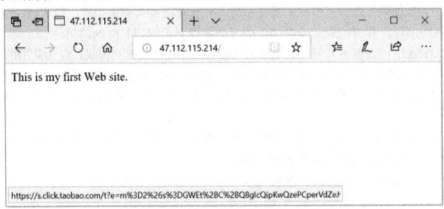

图 8-24　配置 Web 服务安全组规则

步骤六　验证网站是否成功架设。

使用浏览器访问云服务器公有 IP 地址，如图 8-25 所示，如果能够正确显示写入个人网站主页的内容，则说明网站已经成功架设。

图 8-25　访问网站页面

8.5　国内云计算生态圈

8.5.1　云计算生态圈概览

云计算生态圈是指围绕云计算技术的各利益相关者共同形成的一个价值平台。各个角色都关注这个平台的整体特性，通过平台撬动其他参与者的能力，使这一系统能够创造价值，并从中分享利益。生态圈中竞争性依然存在，但更多地强化了彼此间的联动性、共赢性和整体发展的持续性。云计算生态圈是相互竞争、互相依赖、彼此合作的各关系方的集合。

从大的层次上看，云服务设备及网络供应商、云服务平台运营提供商、云服务平台使用者三方构成了完整的云计算生态圈。

云服务设备及网络供应商为用户提供构建云计算平台的硬件设备和软件系统。

云服务平台运营提供商使用云服务设备及网络构建云计算平台，为使用者提供丰富的云服务。云服务包括 IaaS、PaaS、SaaS 三大类。但目前三种云服务的界限已经模糊，云服务提供商都试图进行扩展，以期能提供一站式的 IT 服务。

云服务平台使用者包含了社会各行各业的机构和个人，如政府、学校、IT 公司以及各行业的企业等。

图 8-26 列举了云计算生态圈各层面的部分企业。

图 8-26　云计算生态圈概览

8.5.2　云计算生态圈介绍

下面，分层面介绍云服务设备及网络供应商、云服务平台运营提供商的大致情况，主要列举了相关类型的部分企业。在生态圈中，各层面各领域的企业很多，不再一一列举。

1. 云服务器供应商

云服务器供应商提供 IaaS 的底层设计，通过软硬件设备构成云计算基础设施来保障上层 IT 服务。

随着云计算产业的快速发展，百度云、腾讯云、阿里云、华为云等云服务提供商纷纷加快云生态和云计算的布局，这也对云服务商提出了更高的要求。云服务器也日益呈现出高密度、高稳定性、低成本、敏捷部署、灵活拓展、自动化运维等特点。

目前，为满足不同行业的需求，云服务器供应商倾向于提供更有针对性的行业解决方案，有利于云服务企业更好地为服务客户，提供更专业的 IT 服务。

云服务器供应商生态圈及部分供应商如图 8-27 所示。

图 8-27　云服务器供应商生态圈

2. IaaS 服务提供商

IaaS 服务提供商大致可分为通用型、专业型以及不同业务逻辑下的 IaaS 厂商三大类。通用型 IaaS 厂商可以分为巨头型、初创型和运营商型。

专业型 IaaS 厂商通过专业化的服务可使企业用户根据自身需求选择对应的服务，能够覆盖并补充主流云计算 IaaS 厂商薄弱的基础功能。按照厂商专供方向的不同分为云安全、docker、视频云、CDN、云存储、APM 和数据中心等部分类型；其中，docker 容器技术为企业用户提供了更为高效的部署方式，同时推动自动化运维。目前，专业型在"术业专攻"的同时，也在扩展自身的服务范围，以便为客户提供更多的解决方案，或旨在于加入云计算服务巨头生态圈。

不同业务逻辑下的云计算厂商提供多样化的服务，针对专门的领域提供服务。

目前，IaaS 层进入壁垒高，巨头优势突出，已渐成规模效应。云计算基础服务的创新性、行业解决方案的成熟度以及服务实施效果是 IaaS 厂商关键的成功要素，也是竞争力差距的来源所在。

IaaS 服务生态圈及部分提供商如图 8-28 所示。

图 8-28　IaaS 服务生态圈及部分提供商

3. PaaS 服务提供商

PaaS 服务提供商大致可分为 APaaS(Application Platform as a Service，应用部署和运行平台)服务提供商、IPaaS(Integration as a Service，集成平台)服务提供商两大类。

APaaS 服务提供商主要是公有云厂商，APaaS 提供与本地传统软件架构中应用服务器相似功能的服务。

IPaaS 服务提供商以私有云厂商居多，IPaaS 除了应用部署平台外，还需要提供集成和方便构建复合应用的能力。单个公司或多个公司内的本地和基于云的流程、服务、应用和数据可被任意组合，而 IPaaS 能够对这些组合之间的集成流进行开发、执行和管理。

PaaS 服务生态圈及部分提供商如图 8-29 所示。

图 8-29 PaaS 服务生态圈及部分提供商

4. SaaS 服务提供商

SaaS 服务提供商分为通用型、行业垂直型两大类。

在通用型 SaaS 服务提供商中，CRM(客户关系管理)是 SaaS 服务的有机组成部分，目前发展较成熟。

行业垂直型 SaaS 服务提供商往往更加了解行业用户需求，其产品或解决方案通常更加满足行业需求，解决企业痛点。细分行业垂直型 SaaS 的目标客户更具同质性，创业公司的增长速度更快，同时拥有更强的行业渗透能力，行业垂直型 SaaS 针对性强，切入点精准，容易为企业客户提供个性化定制功能。

SaaS 服务生态圈及部分提供商如图 8-30 所示。

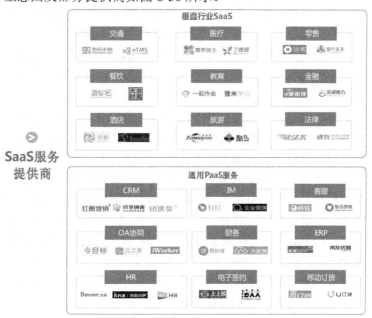

图 8-30 SaaS 服务生态圈及部分提供商

5. 中国云生态圈发展趋势

中国云计算产业迅猛发展，云生态圈也在瞬息万变，近年来的发展主要呈现了如下趋势：

(1) 强化自身云生态体系建设：各大云计算提供商着力打造以"我"为主的云生态，强化对云计算行业的掌控力。如阿里云推动云合计划，计划招募 1 万家云服务商；腾讯云发布"云+计划"，5 年投入 100 亿元打造云平台及建设生态体系；华为企业云与国内 100 多家各行业领先的合作伙伴、20 多个城市达成合作，扩展行业应用和计算能力，各厂家将实质性推动云生态建设，也将有更多云计算企业启动云生态战略。

(2) 更多数据中心投入建设：云计算与大数据、AI、物联网等新技术相结合，投入建设更多数据中心。随着云计算市场的持续扩张，尤其是各巨头云计算业务高速增长，云计算提供商需要建设更多数据中心和基础设施以满足业务需求。

(3) 垂直行业的纵深场景化：垂直行业的纵深构建了云生态聚合产业链的上下游资源。虽然不同行业上云的需求和合规要求不同，但企业都需要深入业务场景，并获得最大生态势能的云。在新的市场需求、AI 等新技术、实力玩家的共同推动下，国内云计算产业正在向着行业纵深的场景化、定制化、智能化方向不断发展。

总之，作为人工智能应用和大数据应用的基础设施载体，云计算正处于蓬勃发展的重要时期。中国的云计算产业，也正在以前所未有的力度，走向世界的前列。

8.5.3　我有话要说："云"为人民服务

"为人民服务"是中国共产党的一个重要的原则，它源于 1944 年 9 月 8 日毛泽东主席作的一次著名的演讲。当时，在为战士张思德举行的追悼大会上，毛泽东主席第一次从理论上深刻阐明了为人民服务的思想。1944 年 10 月，毛泽东主席在接见新闻工作者时指出："三心二意不行，半心半意也不行，一定要全心全意为人民服务。"从此，"为人民服务"表述为"全心全意为人民服务"。在中国共产党第七次全国代表大会上，"中国共产党人必须具有全心全意为中国人民服务的精神"这句话被写入了党章。其后又被写入《宪法》，即"一切国家机关工作人员必须效忠人民民主制度，服从宪法和法律，努力为人民服务"。

毛泽东之后的历届领导人也都坚持并不断发展"全心全意为人民服务"的思想。邓小平主张以"人民拥护不拥护"、"人民赞成不赞成"、"人民高兴不高兴"、"人民答应不答应"来检验"全心全意为人民服务"的效果，并于 1985 年提出"领导就是服务"，从而把执政党的领导作用和全心全意为人民服务紧密地联系起来。江泽民明确提出：贯彻"三个代表"重要思想，关键在坚持与时俱进，核心在坚持党的先进性，本质在坚持执政为民。胡锦涛强调：党员干部一定要做到权为民所用、情为民所系、利为民所谋。习近平总书记强调：人民对美好生活的向往就是我们奋斗的目标。我们一定要始终与人民心连心，全心全意为人民服务。习近平总书记指出："始终坚持全心全意为人民服务的根本宗旨，是我们党始终得到人民拥护和爱戴的根本原因，对于充分发挥党密切联系群众的优势至关重要。我们任何时候都必须把人民利益放在第一位，把实现好、维护好、发展好最广大人民根本利益作为一切工作的出发点和落脚点。"

对比云计算的三种服务模式——IaaS、PaaS、SaaS，它们分别在基础层、平台层、应用层"按需为用户提供服务"。对此，你有什么想说的话？

参 考 文 献

[1]　你看到的是双 11 的狂欢，严肃地说可能是云计算的起源[EB/OL].(2018-11-10). http://www.ebrun.com/20181110/ 306023. shtml.

[2]　2018 年天猫双 11 再创纪录，阿里云新增调用 1000 万核计算能力[EB/OL].(2018-11-12). https://baijiahao.baidu. com/ s?id=1616859161636067011&wfr=spider&for=pc.

[3]　揭秘"春晚红包顶级流量"的背后功臣：百度阳泉云计算中心亮相[EB/OL].(2019-04-10). https://baijiahao. baidu.com/s?id=1630412670804304766&wfr=spider&for=pc.

[4]　安全存储的云盘_360 安全云盘[EB/OL]. https://yunpan.360.cn/.

[5]　百度 AI 开放平台[EB/OL].http://ai.baidu.com/.

[6]　POPEK G J，GOLDBERG RP. Formal requirements for virtualizable third generation architectures [J]. ACM SIGOPS Operating Systems Review，1973，7(4)：121.

[7]　阿里云[EB/OL]. https://www.aliyun.com/.

[8]　易观智库. 中国云计算生态圈大全及企业名录[EB/OL]. https://www.analysys.cn/.

第九章　新一代人工智能的发展与思考

历史上每一次工业革命都会助推强国崛起，引发国力转变，重塑世界格局。当前世界正迎来以人工智能为推动力的第四次工业革命。人工智能技术已渗透到医疗保健、运输、教育、金融和保险等各个主要行业。麦肯锡全球研究院表示，人工智能正在促进社会转型："工业革命的发生速度提高十倍，规模扩大 300 倍或影响提升约 3000 倍"。这样的工业革命牵动着每一个政府，影响着世界上每一个人。当然，新的革命也将带来新的问题和思考：例如，人工智能将走向何方？机器人会取代人吗？

9.1　新一代人工智能相关政策解读

发展战略性新兴产业是世界各国提升国家综合实力的重要途径。当前，人工智能正在全球范围内蓬勃兴起，人工智能作为一项引领未来的战略技术，对推进经济发展、维护国家安全、改善人民生活具有重要意义。许多国家为了在新一轮国际竞争中争取主导权，都在加紧谋划，围绕人工智能出台规划和政策，对人工智能核心技术、顶尖人才、标准规范等进行部署，引导人工智能技术和产业发展。主要科技企业不断加大资金和人力投入，抢占人工智能发展制高点。

9.1.1　国外人工智能政策

1. 美国

美国长期处于人工智能研究的前沿，其人工智能企业数为 2028 家(2018 年全球共监测到人工智能企业总数 4925 家)，列位全球第一，美国从政府层面、法律层面、技术层面及投资层面形成了全方位的组织推进模式。谷歌、亚马逊等科技巨头将资金投入到人工智能研发和产业化之中，建立谷歌 AI 实验室(Google x 和 DeepMind)、Facebook AI 实验室(FAIR 和 AML)、斯坦福大学 AI 实验室(SAIL)、麻省理工学院计算机科学和人工智能实验室(MIT CSAIL)等专业研发机构，并积极向研究者开放国家实验室和数据资源，营造自由探索的良好环境。

美国发布的人工智能相关政策如表 9-1 所示。

表9-1　美国人工智能政策

时间	政策/规划	主　要　内　容
2011 年	《国家机器人计划》	建立美国在下一代机器人计算及应用方面的领先地位
2013 年	白宫成立"人工智能和机器学习委员会"	用于协调全美各界在人工智能领域的行动，提高对人工智能和机器学习的使用以提升政府办公效率
2016 年	《为人工智能的未来做好准备》《国家人工智能研究与发展战略规划》	将人工智能发展上升到国家战略高度，确定了研发、人机交互、社会影响、安全、开发、标准、人才七项长期战略
	《人工智能、自动化和经济》	制定政策推动人工智能发展，并释放企业和工人的创造潜力，确保美国在人工智能的创造和使用中的领导地位
2017 年	《国家机器人计划 2.0》	划拨资金支持机器人科学与技术基础研究以及集成机器人系统领域的创新研究
	《人工智能与国际安全》	提出制定人工智能和国家安全未来政策的三个目标，保持美国技术领先优势，支持 AI 用于和平商业用途，减少灾难性风险
	《人工智能未来法案》	要求商务部设立联邦人工智能发展与应用咨询委员会，并阐明了发展人工智能的必要性，对人工智能相关概念进行了梳理，明确了 AI 咨询委员会的职责、权力、人员构成、经费等内容
2018 年	白宫召开"人工智能峰会"	旨在推动机器人、算法和人工智能等技术的快速部署
2019 年	美国总统特朗普签署"美国人工智能倡议"行政命令	加强国家和经济安全防护，确保美国在人工智能和相关领域保持研发优势，并提高美国人的生活质量

2. 欧盟

欧盟地区的人工智能技术发展相对薄弱，为打造优势领域，近年来欧盟也制定并出台了一系列发展战略，并计划投入资金组建人工智能研究中心，升级人工智能科研基础设施，加强基础研究和产业技术创新，开发针对医疗、交通等领域的应用，促进人工智能的数据获取和共享，支持跨部门和地区组织采用人工智能技术。此外，关注人工智能带来的安全、隐私、尊严等方面的风险，也是欧盟人工智能战略和政策的侧重点。欧盟发布的人工智能相关政策如表 9-2 所示。

表9-2　欧盟人工智能政策

时间	政策/规划	主　要　内　容
2014 年	《2014—2020 欧洲机器人技术战略》《地平线 2020 战略－机器人多年发展战略图》	促进机器人行业和供应链建设，并将先进机器人技术的应用范围拓展到海陆空、农业、健康、救援等领域，以扩大机器人技术对社会和经济的有利影响，提高生产力，减少资源浪费，希望在 2020 年欧洲能够占到世界机器人技术市场的 42% 以上，以此保持欧洲在世界的领先地位

时间	政策/规划	主 要 内 容
2016年	《对欧盟机器人民事法律规则委员会的建议草案》《欧盟机器人民事法律规则》	建议欧盟成立人工智能监管机构、制定人工智能伦理准则,赋予自助机器人法律地位,明确人工智能知识产权等
2018年	《欧盟人工智能》	描述了欧盟在国际人工智能竞争中的地位,并制定了欧盟 AI 行动计划,提出三大目标:增强欧盟的技术与产业能力,推进 AI 应用;为迎接社会经济变革做好准备;确立合适的伦理和法律框架
	《人工智能道德准则》	提出人工智能的发展方向应该是"可信赖 AI",即确保这一技术的目的合乎道德,技术足够稳健可靠,从而发挥其最大的优势并将风险控制到最小,该准则旨在为 AI 系统的具体实施和操作提供指导

3. 日本

日本号称"机器人王国",在机器人产业中占据世界的主导地位,拥有着世界上数量最多的机器人用户、机器人设备及服务生产商。日本政府也非常重视人工智能的发展,不仅将人工智能、物联网和机器人视为第四次产业革命的核心,还在国家层面建立了相对完整的研发促进机制。日本希望通过大力发展人工智能,保持其在机器人、汽车等领域的技术优势,逐步改善人口老龄化所带来的劳动力短缺、养老等社会问题,推进超智能社会 5.0 建设。由于日本在人工智能技术研究方面起步较早,因此积累了一定的人工智能人才。日本将人才培养作为人工智能产业化发展规划的任务之一,这也是保证日本在人工智能领域保持国际竞争力的关键举措之一。日本发布的人工智能相关政策如表 9-3 所示。

表 9-3 日本人工智能政策

时间	政策/规划	主 要 内 容
2015年	《日本机器人战略:愿景、战略、行动计划》	提出三大核心目标,即世界机器人创新基地、世界第一等机器人应用国家、迈向世界领先的机器人新时代
	制定"人工智能产业化工程表"	宣布在未来十年,将投入资金一千亿日元,用于四个重点领域人工智能的研发,包括健康医疗、交通物流、信息安全、人才培养等
2016年	《第五期科学技术基本计划(2016—2020)》	提出建设"超智能社会(Society5.0)"的目标,在机器人、传感器、驱动器、生物工程、人机界面、纳米材料、光学和量子等尖端技术基础上,将网络安全技术、物联网系统构建技术、大数据分析技术、人工智能技术、器件工艺学、边缘计算技术等六大技术列为研发重点
	《日本再兴战略》	提出实现第四次产业革命的具体措施,通过设立"人工智能战略会员",从产学研相结合的战略高度来推进人工智能的研发和应用

续表

时间	政策/规划	主 要 内 容
2017 年	《人工智能的研究开发目标和产业化路线图》	对生产、医疗、移动领域中的人工智能应用前景作出了详细描述，最后还给出了促进政府、企业、学校三方合作以及促进创新企业发展的政策方针
	《人工智能技术战略》	阐述了日本政府为人工智能产业化发展所制定的路线图，包括三个阶段：在各领域发展数据驱动人工智能技术应用，在多领域开发人工智能技术的公共事业，连通各领域建立人工智能生态系统
	《科学技术创新综合战略 2017》	重点论述了 2017—2018 年度应重点推荐的举措，包括实现超智能社会(Society5.0)的必要举措，今后应对经济社会问题的策略，加强资金改革，构建面向创造型人才、知识、资金良好循环的创新机制和加强科学技术创新的推荐功能等六项重点项目
2018 年	《以人类为中心的人工智能社会原则》	肯定了人工智能的重要作用，同时强调重视其负面影响，如社会不平等、等级差距扩大、社会排斥等问题。主张在推进人工智能技术研发时，综合考虑其对人类、社会系统、产业构造、创新系统、政府等带来的影响，构建能够使人工智能有效且安全应用的"AI-Ready 社会"

4. 联合国

2015 年 10 月，联合国大会第 70 届会议召开了"迎接国际安全挑战和人工智能产生的挑战"活动。2017 年 10 月，联合国领导了联合国经济及社会理事会联席会议和第二委员会，审议人工智能对可持续发展的作用和影响。联合国发展集团还提供有关数据隐私、数据保护和数据道德的一般指导。国际电信联盟(ITU)已成为探讨人工智能的关键平台之一。ITU 于 2017 年和 2018 年组织了"AI for Good Global Summit"活动。该活动被称为"人工智能对话的主要联合国平台"。活动重点关注确保人工智能技术可信，能通过卫星图像绘制贫困和自然灾害援助的能力，帮助实现可持续发展目标的能力，并帮助实现全民健康覆盖。

5. 俄罗斯及其他国家

普京曾在 2017 年表示，人工智能是"人类的未来"，而掌握它的国家将"统治世界"，暗示该国在这一领域尚未取得重要进展。俄罗斯国防部呼吁民用和军备设计师联合开发人工智能技术，以"应对技术和经济安全领域可能出现的威胁"。石油大国阿联酋 2017 年 10 月将人工智能确立为国家战略，同时高调任命了全球人工智能部长。2017 年新加坡国力研究基金会推出"新加坡全国人工智能核心(ALSG)"计划，结合政府、研究机构和业界三大领域的力量，促进人工智能的使用。

全球已进入人工智能竞赛期，人工智能技术的发展基于计算机技术、网络技术、大数据分析能力、算法技术的先进性。在信息化阶段，没有充分发展的国家开展人工智能会面临许多障碍，因此，世界各国都在努力发展信息化，为人工智能打好基础，努力争取在人工智能产业占得先机。

9.1.2 中国人工智能政策

与发达国家相比，中国的人工智能研究起步较晚。但作为全球第二大经济体，在世界各国紧锣密鼓地制定人工智能发展规划的时候，中国也抓住了这个新兴产业的发展契机，在近几年陆续出台了人工智能相关的发展政策，并将人工智能上升到了国家战略层面。中国近年来发布的人工智能相关政策如表 9-4 所示。

表 9-4　中国人工智能政策

时　　间	行政机关	政策标题	主要内容
2015 年 5 月	国务院	《中国制造 2025》	首次提出智能制造
2015 年 7 月	国务院	《"互联网+"行动指导意见》	明确人工智能为重点发展领域
2016 年 4 月	工信部、国家发改委、财政部	《机器人产业发展规划(2016—2020 年)》	聚焦智能工业型机器人发展
2016 年 5 月	国家发改委、科技部、工信部、网信办	《"互联网+"人工智能三年行动实施方案》	规划人工智能产业体系建设
2016 年 7 月	国务院	《"十三五"国家科技创新规划》	研发人工智能支持智能产业发展
2016 年 9 月	国家发改委	《国家发展改革委办公厅关于请组织申报"互联网+"领域创新能力建设专项的通知》	将人工智能纳入"互联网+"建设专项
2016 年 12 月	国务院	《"十三五"国家战略性新兴产业发展规划的通知》	支持人工智能领域软硬件开发及规模化应用
2017 年 3 月	国务院	《政府工作报告》	人工智能出现在《政府工作报告》
2017 年 7 月	国务院	《新一代人工智能发展规划》	提出阶段战略目标
2017 年 12 月	工信部	《促进新一代人工智能产业发展三年行动计划(2018—2020 年)》	推进人工智能和制造业深度融合
2018 年 1 月	中国电子技术标准化研究院	《人工智能标准化白皮书(2018 版)》	提出能够适应和引导人工智能产业发展的标准体系
2018 年 3 月	国务院	《政府工作报告》	加强新一代人工智能研发应用
2019 年 3 月	国务院	《政府工作报告》	深化人工智能技术的研发与应用
2019 年 3 月 19 日	中央深改组	《促进人工智能和实体经济深度融合》	促进人工智能和实体经济深度融合

(1) 2017 年 3 月，李克强总理在《政府工作报告》中提到："一方面要加快培育新材料、

人工智能、集成电路、生物制药、第五代移动通信等新兴产业；另一方面要应用大数据、云计算、物联网等技术加快改造提升传统产业，把发展智能制造作为主攻方向。"

(2) 2017 年 7 月 20 日，国务院印发《新一代人工智能发展规划》(简称《规划》)，提出了面向 2030 年我国新一代人工智能发展的指导思想、战略目标、重点任务和保障措施，部署构筑我国人工智能发展的先发优势，加快建设创新型国家和世界科技强国。

《规划》明确了我国新一代人工智能发展的战略目标：到 2020 年，人工智能总体技术和应用与世界先进水平同步，人工智能产业成为新的重要经济增长点，人工智能技术应用成为改善民生的新途径；到 2025 年，人工智能基础理论实现重大突破，部分技术与应用达到世界领先水平，人工智能成为我国产业升级和经济转型的主要动力，智能社会建设取得积极进展；到 2030 年，人工智能理论、技术与应用总体达到世界领先水平，成为世界主要人工智能创新中心。《规划》提出六个方面重点任务：

① 构建开放协同的人工智能科技创新体系，从前沿基础理论、关键共性技术、创新平台、高端人才队伍等方面强化部署。

② 培育高端高效的智能经济，发展人工智能新兴产业，推进产业智能化升级，打造人工智能创新高地。

③ 建设安全便捷的智能社会，发展高效智能服务，提高社会治理智能化水平，利用人工智能提升公共安全保障能力，促进社会交往的共享互信。

④ 加强人工智能领域军民融合，促进人工智能技术军民双向转化、军民创新资源共建共享。

⑤ 构建泛在安全高效的智能化基础设施体系，加强网络、大数据、高效能计算等基础设施的建设升级。

⑥ 前瞻布局重大科技项目，针对新一代人工智能特有的重大基础理论和共性关键技术瓶颈，加强整体统筹，形成以新一代人工智能重大科技项目为核心、统筹当前和未来研发任务布局的人工智能项目群。

(3) 2017 年 12 月，工业和信息化部印发《促进新一代人工智能产业发展三年行动计划(2018—2020 年)》。计划提出，以信息技术与制造技术深度融合为主线，以新一代人工智能技术的产业化和集成应用为重点，推进人工智能和制造业深度融合，加快制造强国和网络强国建设。

(4) 2018 年 1 月，国家标准化管理委员会宣布成立国家人工智能标准化总体组、专家咨询组，负责全面统筹规划和协调管理我国人工智能标准化工作。会议发布了《人工智能标准化白皮书(2018 版)》，从支撑人工智能产业整体发展的角度出发，研究制定了能够适应和引导人工智能产业发展的标准体系，进而提出近期急需研制的基础和关键标准项目。

(5) 2018 年 3 月 5 日，在第十三届全国人民代表大会第一次会议上，国务院总理李克强在政府工作报告中提出："发展壮大新动能。做大做强新兴产业集群，实施大数据发展行动，加强新一代人工智能研发应用，在医疗、养老、教育、文化、体育等多领域推进'互联网+'。发展智能产业，拓展智能生活。运用新技术、新业态、新模式，大力改造提升传统产业。"

(6) 国务院 2019 年《政府工作报告》相比 2017、2018 年，加快了人工智能等技术的研发和转化，加强新一代人工智能研发应用，2019 年政府工作报告中使用的是深化大数据、人工智能等研发应用表述方式。李总理今年如是说：在 2019 年的政府工作任务中，应当"促进新兴产业加快发展。深化大数据、人工智能等研发应用，培育新一代信息技术、高端装备、生物医药、新能源汽车、新材料等新兴产业集群，壮大数字经济。坚持包容审慎监管，支持新业态新模式发展，促进平台经济、共享经济健康成长。加快在各行业各领域推进"互联网+"，推动传统产业改造提升。围绕推动制造业高质量发展，强化工业基础和技术创新能力，促进先进制造业和现代服务业融合发展，加快建设制造强国。打造工业互联网平台，拓展"智能+"，为制造业转型升级赋能。支持企业加快技术改造和设备更新，将固定资产加速折旧优惠政策扩大至全部制造业领域。强化质量基础支撑，推动标准与国际先进水平对接，提升产品和服务品质，让更多国内外用户选择中国制造、中国服务。

不难看出，在 2019 年的人工智能产业发展方向上，政府将在培育发展之后，继续促进新兴产业的发展，这说明我国的人工智能技术产业已经走过了萌芽阶段与初步发展阶段，接下来将进入快速发展时期，并且向纵深方向进一步发展。在这之中，新一代信息技术、高端装备、生物医药、新能源汽车、新材料等新兴产业集群在 2018 年工作报告中没有提到的部分，将会是下一阶段政府大力发展的重点产业。

9.1.3　中国地方人工智能政策

各地政策都是跟随着国家政策的进度而随之出台的，在了解过国家层面的政策之后，下面我们对各地市的一些人工智能政策进行简单梳理。截至目前，纵观在中国各省市中，包括北京、上海、天津、广东、浙江、江苏、安徽、吉林、贵州等 20 多个省市出台了人工智能产业政策，而其他省地市则是零散地根据国家的指导性政策出台一些相应的政策或项目工程。中国地方出台的人工智能政策如表 9-5 所示。

表 9-5　中国地方人工智能政策

省/直辖市/自治区	出 台 政 策
北京市	2017 年 10 月，北京市正式印发《中关村国家自主创新示范区人工智能产业培育行动计划(2017—2020 年)》，指出到 2020 年中关村人工智能领域技术创新能力大幅提升，初步形成全球创新要素高度集聚、创新主体协同发展的创新生态
	2017 年 12 月，北京市印发《北京市加快科技创新培育人工智能产业的指导意见》，指出到 2020 年北京新一代人工智能总体技术和应用将达到世界先进水平，部分关键技术达到世界领先水平，形成若干重大原创基础理论和前沿技术标志性成果
上海市	2017 年 11 月，上海市印发《关于本市推动新一代人工智能发展的实施意见》，指出到 2020 年实现人工智能重点产业规模超过 1000 亿元；其中智能驾驶产业规模达 300 亿元，智能机器人规模达 200 亿元，智能硬件产业规模达 200 亿元，智能软件产业规模达 200 亿元，智能核心芯片产业规模达 200 亿元，应用于工业和消费电子的高端智能传感器实现产业化突破，填补国内空白。到 2030 年人工智能总体发展水平进入国际先进行列，初步建成具有全球影响力的人工智能发展高地
广东省	2018 年 7 月，广东省出台《关于推动新一代人工智能发展实施方案》；10 月广东省科技厅发布《广东省新一代人工智能创新发展行动计划(2018—2020 年)》；均明确指出"聚焦大数据、人工智能重点核心领域，着力推动"互联网+"大数据人工智能创新应用示范、创新型产业集群和创新创业生态建设，促进与经济、社会、产业融合发展

续表

省/直辖市/自治区	出 台 政 策
浙江省	2017 年 12 月，浙江省政府发布《浙江省新一代人工智能发展规划》，指出到 2022 年建设成全国人工智能发展的引领区，形成人工智能核心产业规模 500 亿元以上，带动相关产业规模 5000 亿元以上
江苏省	2018 年 5 月，江苏省印发《江苏省新一代人工智能产业发展实施意见》，指出要大力发展人工智能平台，加快发展人工智能软件产业，加快发展人工智能硬件产业，加快发展人工智能服务型企业
安徽省	2018 年 5 月，安徽省人民政府办公厅印发《安徽省新一代人工智能产业发展规划(2018—2030 年)》，指出到 2020 年人工智能产业规模超过 150 亿元，带动相关产业规模达到 1000 亿元。到 2025 年人工智能产业规模达到 500 亿元，带动相关产业规模达到 4500 亿元。到 2030 年人工智能产业规模达到 1500 亿元，带动相关产业规模达到 10000 亿元
天津市	2018 年 1 月，天津市人民政府办公厅印发《天津市人工智能科技创新专项行动计划》，指出到 2020 年研制一批重大基础软硬件产品，攻破 100 项关键共性技术及"杀手锏"产品，3 至 5 个关键领域进入国家布局。培育人工智能科技领军企业 10 家。建设 2 至 3 家国家级或部委级创新平台
吉林省	2018 年 1 月，吉林省人民政府发布《关于落实新一代人工智能发展规划的实施意见》，指出到 2020 年人工智能核心产业规模达到 50 亿元，带动相关产业规模达到 400 亿元。到 2025 年人工智能核心产业规模达到 200 亿元以上，带动相关产业规模达到 2000 亿元。到 2030 年形成科技创新体系和产业发展体系，人工智能科技、经济、社会发展高度融合
贵州省	2017 年 10 月，《智能贵州发展规划(2017—2020 年)》发布，指出到 2020 年实现智能贵州发展取得阶段性进展，初步建立智能贵州发展框架，初步形成智能应用基础设施和人工智能产业链，创建全国智能制造基地和智能应用示范区的人工智能产业发展目标
江西省	2017 年 10 月，江西省人民政府办公室印发《关于加快推进人工智能和智能制造发展若干措施》
福建省	2018 年 3 月，福建省人民政府出台《关于推动新一代人工智能加快发展的实施意见》
四川省	2018 年 9 月，四川省人民政府办公厅印发《四川省新一代人工智能发展实施方案》
黑龙江省	2018 年 2 月，黑龙江省人民政府办公厅印发《黑龙江省人工智能产业三年专项行动计划(2018—2020)》
辽宁省	2018 年 1 月《辽宁省新一代人工智能发展规划》
湖北省	2017 年 11 月颁发《东湖高新区人工智能产业规划》
广西壮族自治区	2018 年 4 月出台《关于贯彻落实新一代人工智能发展规划的实施意见》
重庆市	2017 年 12 月，重庆市启动"人工智能重大主题专项"，未来 3 年拟实施三个"十百千"计划
河北省	2018 年 3 月，河北省人民政府印发《河北省科技创新三年行动计划(2018—2020)》

9.1.4　我有话要说：看国家意志！

2017 年 3 月政府工作报告内容节选："大力改造提升传统产业。深入实施《中国制造

2025》，加快大数据、云计算、物联网应用，以新技术新业态新模式，推动传统产业生产、管理和营销模式变革。把发展智能制造作为主攻方向，推进国家智能制造示范区、制造业创新中心建设，深入实施工业强基、重大装备专项工程，大力发展先进制造业，推动中国制造向中高端迈进。完善制造强国建设政策体系，以多种方式支持技术改造，促进传统产业焕发新的蓬勃生机。"

2018 年 3 月政府工作报告内容节选："加快新旧发展动能接续转换。深入开展"互联网+"行动，实行包容审慎监管，推动大数据、云计算、物联网广泛应用，新兴产业蓬勃发展，传统产业深刻重塑。实施"中国制造 2025"，推进工业强基、智能制造、绿色制造等重大工程，先进制造业加快发展。"

2019 政府工作报告内容节选："打造工业互联网平台，拓展'智能+'，为制造业转型升级赋能"。"促进新兴产业加快发展。深化大数据、人工智能等研发应用，培育新一代信息技术、高端装备、生物医药、新能源汽车、新材料等新兴产业集群，壮大数字经济。坚持包容审慎监管，支持新业态新模式发展，促进平台经济、共享经济健康成长。加快在各行业各领域推进'互联网+'"。

2017 年，人工智能第一次出现在政府工作报告中，2018 年，"互联网+"被写进政府工作报告，2019 年政府工作报告第一次提出"智能+"。

怎么理解政府工作报告中有关人工智能关键词的变化？

9.2　新一代人工智能发展趋势

9.2.1　人工智能产业生态

人工智能作为新一轮产业变革的核心驱动力，将催生新的技术、产品、产业，从而引发经济结构的重大变革，实现社会生产力的整体提升。人工智能产业有多种分类方法，《人工智能标准化白皮书(2018)》中把人工智能产业生态分为核心业态、关联业态、衍生业态三个层次，如图 9-1 所示。

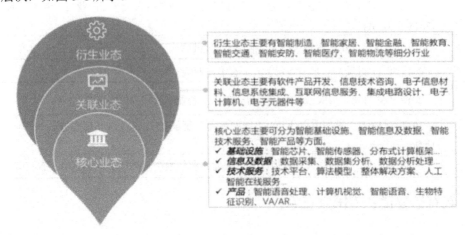

图 9-1　人工智能产业生态图谱

艾瑞咨询《2018 年中国人工智能行业研究报告》中，根据人工智能的三个层次，即基础层、技术层和应用层对人工智能产业进行划分，如图 9-2 所示。

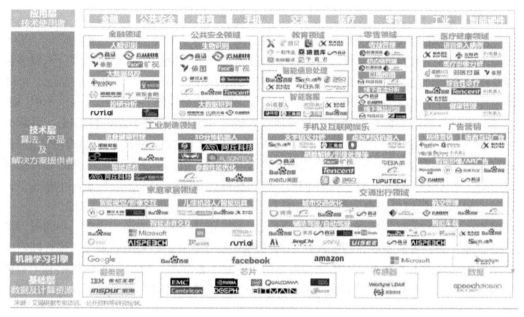

图 9-2　人工智能行业图谱

另外，易观《中国人工智能产业生态图谱 2019》分析报告中也从基础、技术和应用三个层面划分人工智能产业生态图谱，如图 9-3 所示。

图 9-3　2019 中国 AI 产业生态图谱

9.2.2　人工智能重点产业介绍

从上面的三种产业图谱划分，可以看到人工智能应用领域非常广泛。下面将重点对核心业态包含的智能基础设施建设、智能信息及数据、智能技术服务、智能产品四个方面展开介绍，并总结人工智能行业应用及产业发展趋势。

1. 智能基础

智能基础设施为人工智能产业提供计算能力支撑，包括智能传感器、智能芯片，是人工智能产业发展的重要保障。智能传感器与智能芯片是智能硬件的重要组成部分。如果说智能芯片是人工智能的中枢大脑，那么智能传感器就属于分布着神经末梢的神经元。全球智能硬件市场包括霍尼韦尔、BOSCH、ABB 等国际巨头全面布局智能传感器以及中国汇顶科技的指纹传感器、昆仑海岸的力传感器。智能芯片方面有 NVIDIA 的 GPU、谷歌的 TPU、英特尔的 NNP 和 VPU、IBM 的 TrueNorth、ARM 的 DYnamIQ、高通的骁龙系列、Imagination 的 GPU Power VR 等主流的企业产品，中国华为海思的麒麟(麒麟 980 芯片如图 9-4 所示)、寒武纪的 NPU、地平线的 BPU、西井科技的 deepsouth(深南)和 deepwell(深井)、云知声的 UniOne、阿里达摩院的 Ali-NPU 等。

各类传感器的大规模部署和应用为实现人工智能创造了不可或缺的条件。不同应用场景，如智能安防、智能家居、智能医疗等对传感器应用提出了不同的要求。未来，随着人工智能应用领域的不断拓展，市场对传感器的需求将不断增多，2020 年市场规模有望突破 4600 亿美元。高敏度、高精度、高可靠性、微型化、集成化将成为智能传感器发展的重要趋势。

随着互联网用户量和数据规模的急剧膨胀，人工智能发展对计算性能的要求迫切增长，对 CPU 计算性能提升的需求超过了摩尔定律的增长速度。同时，受限于技术原因，传统处理器性能也无法按照摩尔定律继续增长，发展下一代智能芯片势在必行。未来的智能芯片主要是在两个方向发展：一是模仿人类大脑结构的芯片，二是量子芯片。

图 9-4　麒麟 980 芯片

2. 智能技术

智能技术服务主要关注如何构建人工智能的技术平台，并对外提供人工智能相关的服务。此类厂商在人工智能产业链中处于关键位置，依托基础设施和大量的数据，为各类人工智能的应用提供关键性的技术平台、解决方案和服务。

(1) 机器视觉技术。机器视觉主要用计算机来模拟人的视觉功能，但并不仅仅是人眼的简单延伸，更重要的是具有人脑的一部分功能——从客观事物的图像中提取信息，进行处理并加以理解，最终用于实际检测、测量和控制。机器视觉技术广泛应用于视频监控、自动驾驶、车辆/人脸识别、医疗影像分析、机器人自主导航、工业自动化控制、航空及遥感测量等。在机器视觉行业，美国的亚马逊、谷歌、微软、Facebook 等从基础层、技术层到应用层做了全产业的布局。在中国，也有了一些顶级的企业，例如商汤科技当前正在为各大智能手机厂商提供 AI+拍摄、AR 特效与 AI 身份验证。

(2) 智能语音技术。智能语音技术实现人机语言的通信，包括语音识别技术(ASR)和语音合成技术(TTS)。语音识别好比机器人的听觉系统，通过识别和理解，把语音信号转变为相应的文本或命令。语音合成好比机器人的发音系统，让机器人通过阅读相应的文本或命令，将其转化为个性化的语音信号。智能语音技术可以实现人机语音交互、语音控制、声纹识别等功能，被广泛应用于智能音箱、语音助手等领域。目前，智能语音技术在用户终端上的应用最为火热，苹果的 Siri、微软 PC 端的 Cortana、微软移动端的小冰、谷歌的 GoogleNow、Amazon 的 Echo 都是家喻户晓的产品应用，中国的科大讯飞、思必驰、云知声等也深入布局。

(3) 自然语言处理。自然语言处理研究实现人与计算机之间用自然语言进行有效通信的各种理论和方法，主要包括自然语言理解和自然语言生成。自然语言理解实现计算机“理解”自然语言文本思想或意图，自然语言生成实现计算机用自然语言文本“表达”思想或意图。自然语言成功应用在机器翻译、问题应答(Q&A)、舆情监测、自动摘要、观点提取、文本分类、文本语言对比等。目前已经有许多成熟的技术产品，如 Amazon、Facebook 及中国的“今日头条”等，利用自然语言技术实现购物网站、社交平台或新闻网站的评论，新闻主题的分类功能。谷歌、百度、有道等公司的在线翻译等，日本的 Logbar、科大讯飞(如图 9-5 为科大讯飞语音平台提供的产品技术)、搜狗的随身多语言翻译均应用了自然语言处理技术。

图 9-5　科大讯飞智能语音平台

3. 智能应用

智能应用是指将人工智能领域的技术成果集成化、产品化，具体的分类如表9-6所示。

表9-6　人工智能领域应用

分　类	典　型　产　品	
智能机器人	工业机器人	焊接机器人、喷涂机器人、搬运机器人、装配机器人等
	个人/家用服务机器人	家政服务机器人、教育娱乐服务机器人、养老助残服务机器人等
	公共服务机器人	酒店服务机器人、银行服务机器人等
	特种机器人	特征极限机器人、农业机器人、水下机器人、军用和警用机器人、石油机器人等
智能运载工具	自动驾驶汽车	
	轨道交通	
	无人机	无人直升机
智能终端	智能手机	
	车载智能终端	
	智能穿戴终端	
自然语言处理	机器翻译	
	机器阅读理解	
	问答系统	
	智能搜索	
计算机视觉	图像分析仪、视频监控系统	
生物特征识别	指纹识别系统	
	人脸识别系统	
	虹膜识别系统	
	指静脉识别系统	
	DNA、步态、掌纹、声纹等识别系统	
VR/AR	PC端VR、一体机VR、移动端头显	
人机交互	语音交互	个人助理
		语音助手
		智能客服
	情感交互	
	体感交互	
	脑机交互	

随着制造强国、网络强国、数字中国建设进程的加快，在制造、家居、金融、教育、交通、安防、医疗、物流等领域对人工智能技术和产品的需求将进一步释放，相关智能产

品的种类和形态也将越来越丰富。

9.2.3　新一代人工智能技术发展趋势

经过 60 多年的发展，人工智能在算法、算力(计算能力)和算料(数据)"三算"方面取得了重要突破，正处于从"不能用"到"可以用"的技术拐点，但是距离"很好用"还有诸多瓶颈。那么在可以预见的未来，人工智能的发展将会出现怎样的趋势以及有什么特征呢？

1. 技术平台开源化

开源的学习框架在人工智能领域的研发成绩斐然，对深度学习领域影响巨大。开源的深度学习框架使得开发者可以直接使用已经研发成功的深度学习工具，减少二次开发，提高效率，促进业界紧密合作和交流。国内外产业巨头也纷纷意识到通过开源技术建立产业生态，是抢占产业制高点的重要手段。通过技术平台的开源化，可以扩大技术规模，整合技术和应用，有效布局人工智能全产业链。谷歌、百度等国内外龙头企业纷纷布局开源人工智能生态，未来将有更多的软硬件企业参与开源生态。

2. 专用智能向通用智能发展

以前的人工智能发展主要集中在专用智能方面，具有领域局限性。例如阿尔法狗(AlphaGo)在围棋比赛中战胜人类冠军；AI 程序在大规模图像识别和人脸识别中达到了超越人类的水平；甚至协助诊断皮肤癌达到专业医生水平。但是，随着科技的发展，各领域之间相互融合、相互影响，需要一种范围广、集成度高、适应能力强的通用智能，提供从辅助性决策工具到专业性解决方案的升级。通用人工智能具备执行一般智慧行为的能力，可以将人工智能与感知、知识、意识和直觉等人类的特征互相连接，减少对领域知识的依赖性、提高处理任务的普适性。目前，这样的人工智能只出现在电影中，如《机械姬》中的艾娃，《人工智能》中的大卫，《终结者 2》中的 T1000，《变形金刚》中的擎天柱(如图9-6 所示)等。通用智能是人工智能未来的发展方向。

图 9-6　《变形金刚》擎天柱剧照

阿尔法狗系统开发团队创始人戴密斯·哈萨比斯(Demis Hassabis)提出朝着"创造解决世界上一切问题的通用人工智能"这一目标前进。微软在 2017 年成立了通用人工智能实验室，众多感知、学习、推理、自然语言理解等方面的科学家参与其中。

3. 智能感知向智能认知方向迈进

人工智能的主要发展阶段包括计算智能、感知智能和认知智能，这一观点得到业界的广泛认可，如图 9-7 所示。

图 9-7　人工智能发展三阶段

早期阶段的人工智能是计算智能，即机器具有快速计算和记忆存储的能力。当前大数据时代的人工智能是感知智能，机器具有视觉、听觉、触觉等感知能力。随着类脑科技的发展，人工智能必然向认知智能的时代迈进，即让机器能理解、会思考。

例如，阿尔法狗系统的后续版本阿尔法元从零开始，通过自我对弈强化学习实现围棋、国际象棋、日本将棋的“通用棋类人工智能”。在人工智能系统的自动化设计方面，2017 年谷歌提出的自动化学习系统(AutoML)试图通过自动创建机器学习系统来降低人员成本。

9.2.4　新一代人工智能产业发展趋势

从人工智能产业进程来看，技术突破是推动产业升级的核心驱动力。数据资源、运算能力、核心算法共同发展，掀起人工智能第三次新浪潮。人工智能产业正处于从感知智能向认知智能的进阶阶段，前者涉及智能语音、计算机视觉及自然语言处理等技术，已具有大规模应用基础，但后者要求的“机器要像人一样去思考及主动行动”仍尚待突破，诸如无人驾驶、全自动智能机器人等仍处于开发中，与大规模应用仍有一定距离。

1. 智能服务呈现线下和线上的无缝结合

分布式计算平台的广泛部署和应用，增大了线上服务的应用范围。同时，人工智能技术的发展和产品不断涌现，如智能家居、智能机器人、自动驾驶汽车等，为智能服务带来新的渠道或新的传播模式，使得线上服务与线下服务的融合进程加快，促进多产业升级。

2. 智能化应用场景从单一向多元发展

目前人工智能的应用领域还多处于专用阶段，如人脸识别、视频监控、语音识别等都主要用于完成具体任务，覆盖范围有限，产业化程度有待提高。随着智能家居、智慧物流等产品的推出，人工智能的应用终将进入面向复杂场景、处理复杂问题、提高社会生产效率和生活质量的新阶段。

3. 人工智能和实体经济深度融合进程将进一步加快

我国在十九大报告中提出"推动互联网、大数据、人工智能和实体经济深度融合"，一方面，随着制造强国建设的加快将促进人工智能等新一代信息技术产品的发展和应用，助推传统产业转型升级，推动战略性新兴产业实现整体性突破；另一方面，随着人工智能底层技术的开源化，传统行业将有望加快掌握人工智能基础技术并依托其积累的行业数据资源实现人工智能与实体经济的深度融合创新。

9.3　人工智能的安全、伦理和隐私

9.3.1　人工智能带来的冲击和担忧

近年来，我们可以在电视、电影、文学作品中看到人工智能对人类的挑战：比如，在《最强大脑》节目中，植入百度大脑的"小度"机器人借助人脸识别技术与深度学习能力战胜了世界记忆大师王峰(见图9-8)；在《机智过人》节目中，机器人"灵犀"在语音识别中有着过人表现；机器人"小冰"以一首《桃花梦》战胜人类对手，"小冰"写的《早春》："早春江上雨初晴，杨柳丝丝夹岸莺。画舫烟波双桨急，小桥风浪一帆轻。"让多少人汗颜；谷歌研发的人工智能阿尔法狗接连击败了围棋高手李世石(9段)、柯洁(世界排名第一)，登上了人类智力游戏的顶峰。人工智能的超凡表现让我们人类惊叹不已。

图9-8　"小度"获得"脑王"称号

现实生活中的人工智能带给我们的，除了服务就是惊叹。文学、电影则在惊叹之余带给我们对人工智能的担忧和思考。

20世纪初期，捷克剧作家卡佩克(Karel Capek)在剧本《罗萨姆的万能机器人》中首次提到了机器人(Robot)这个名词。《大都会》中的人造玛丽亚拥有着全金属的外形和充满着女性魅力的身体线条，并能幻化人形，操控人心，最终煽动人民进行暴乱政变；在《2001太空漫游》中，哈尔9000不惜牺牲人类性命也要操纵飞船完成使命，创造出了一个处变不惊、运转精密，为了目标不择手段的人工智能形象；《我，机器人》讲述了一个自己解开了控制密码的机器人，谋杀了工程师阿尔弗莱德·蓝宁博士，这群机器人已经完全独立

于人类，成为一个和人类并存的高智商机械群体；在《人工智能》中，被做出来成为他人儿子替代品的戴维，拥有和人类儿童一样的情感，但是他无论如何渴求，都无法得到温暖的母爱；《银翼杀手》描写了一群具有人类智能和感觉的复制人，冒险骑劫太空船回到地球，想在其机械能量耗尽之前寻求长存的方法。银翼杀手戴克被任命追踪消灭这些复制人，不料戴克却在行动时碰见美如天仙的女复制人，并且跟她坠入情网；《机械姬》(见图 9-9)中的伊娃通过自己美丽的女性外貌，让男主角逐渐爱上自己，说服男主角协助自己逃跑；还有近年来著名的《终结者》、《钢铁巨人》、《钢铁侠》、《变形金刚》系列等都有人工智能的影子。

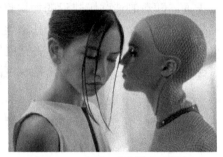

图 9-9　电影《机械姬》插图

　　影视作品反映了人类对人工智能技术的迷惑与担忧，担心快速发展的人工智能技术会脱离人类的掌控，同时也表达了机器人的伦理问题。

9.3.2　人工智能的安全与伦理问题

　　艺术源于生活，但高于生活。科幻电影中的忧虑可在生活中找到缩影。从日益普及的智能手机、智能电视以及一系列的智能家电到现在自动驾驶的汽车、地铁和飞机，人工智能小到家庭，大到国家，已经与人们的生活息息相关了。人工智能在给人类社会带来便利的同时，也带来一些可看得见的切身问题。主要表现在两个方面，一方面是安全问题，另一方面是伦理问题。

1. 人工智能的安全问题

　　原子弹爆炸之后，科技的先天缺陷日益凸显，自毁因素不断累增，使我们必须认真对待科技的巨风险，人工智能引发的安全问题有四个方面：

　　第一方面：技术滥用引发的安全威胁。人工智能对人类的作用很大程度上取决于人们如何使用与管理。如果人工智能技术被犯罪分子利用，就会带来安全问题，例如，黑客可能通过智能方法发起网络攻击，智能化的网络攻击软件能自我学习，模仿系统中用户的行为，并不断改变方法，以期尽可能长时间地停留在计算机系统中；黑客还可利用人工智能技术非法窃取私人信息；通过定制化不同用户阅读到的网络内容，人工智能技术甚至会被用来左右和控制公众的认知和判断。

　　第二方面：技术缺陷导致的安全问题。作为一项发展中的新兴技术，人工智能系统当前还不够成熟。某些技术缺陷导致工作异常，会使人工智能系统出现安全隐患。如 2017年人机围棋对弈中，AlphaGo 多次弈出"神之一手"，很多人表示难以说清楚其决策的具体过程。没有任何人类知识的 AlphaGo Zero 在自我对弈的初期常常出现一些毫无逻辑的诡异棋局，后期也会有出其不意的打法。另外，如果安全防护技术或措施不完善，则无人驾驶汽车、机器人和其他人工智能装置可能受到非法入侵和控制，这些人工智能系统就有可能按照犯罪分子的指令，做出对人类有害的事情。

　　第三方面：管理的缺席导致的安全威胁。政府和职能部门、网络服务供应商、商业公司，如不能公平、正当守法地使用和管理隐私数据，则将引发"隐私战"。从全球来看，谷歌、苹果、微软等通过收购等方式，不断聚集资本、人才和技术，形成"数据寡头"或"技术寡头"的趋势增强，这可能会产生"数据孤岛"效应，影响人工智能发展的透明性和共享性，与政府的博弈将越发激烈。当前著名的案例是"脸书门"和"棱镜门"事件。

脸书门：英国数据公司 Cambridge Analytica(剑桥分析)从 Facebook 开放接口中获取了5000 万份用户数据，并利用这些数据帮助特朗普在 2016 年赢得了美国总统大选。

棱镜门：2013 年 6 月，前中情局(CIA)职员爱德华·斯诺登(Edward Snowden)向媒体披露，美国国家安全局的一项代号为"棱镜"的秘密项目。透露美国国家安全局和联邦调查局通过进入微软、谷歌、苹果、雅虎等九大网络巨头的服务器，监控包括任何在美国以外地区使用参与计划公司服务的客户，或是任何与国外人士通信的美国公民的电子邮件、聊天记录、视频及照片等秘密资料。随后，德国总理默克尔(Angela Dorothea Merkel)向美国提起抗议，明确表示盟国之间这样的监控行为"完全不可接受"(见图 9-10)，是对互信的严重践踏。

图 9-10 德国总理默克尔指责
美国监听本人手机

第四方面：未来的超级智能引发的安全担忧。远期的人工智能安全风险是指，假设人工智能发展到超级智能阶段，这时机器人或其他人工智能系统能够自我演化，并可能发展出类人的自我意识，从而对人类的主导性甚至存续造成威胁。比尔·盖茨(Bill Gates)、斯蒂芬·霍金(Stephen Hawking)、埃隆·马斯克(Elon Musk)、雷·库兹韦尔(Ray Kurzwell)等人都在担忧，对人工智能技术不加约束的开发，会让机器获得超越人类智力水平的智能，并引发一些难以控制的安全隐患。一些研究团队正在研究高层次的认知智能，如机器情感和机器意识等。尽管人们还不清楚超级智能是否会到来，但如果在还没完全做好应对措施之前出现技术突破，安全威胁就有可能爆发，人们应提前考虑到可能的风险。

2. 人工智能的伦理问题

人工智能现在处于弱人工智能向强人工智能的发展阶段，未来将进入超人工智能阶段。随着人工智能的发展，人工智能将深入我们的生活，并且极大地影响我们的生活，人和机器人之间如何相处？我们该如何对待机器人？这涉及一系列伦理、道德、法律问题。这些问题归纳起来主要有：

(1) 人权伦理问题。"这是最好的时代，也是最坏的时代"，英国文学巨匠狄更斯在其名著《双城记》中的开篇话语，一百多年来不断地被人引用。

科技的快速进步使人工智能越来越像人，它们拥有了"类人"的计算能力、判断能力，自主的学习能力，未来甚至拥有人类的情感、意识，当它们越来越像"人"，也越来越多地出现在我们的身边时，我们应该将其视为人并赋予其相应的"人权"吗？

2016 年，欧盟委员会法律事务委员会向欧盟委员会提交动议，要求将最先进的自动化机器人的身份定位为"电子人"，除赋予其"特定的权利和义务"外，还建议为智能自动化机器人进行登记，以便为其获取进行纳税、缴费、领取养老金的资金账号。2017 年 10 月 26 日，沙特阿拉伯授予美国汉森机器人公司生产的机器人"索菲亚"公民身份。2018 年 2 月索菲亚亮相中国 CCTV2 现场(见图 9-11)，主持人问：你是希望成为机器人，还是向着成为真正人类发展？索菲亚的回答是："我并不希望变成人类，我只是被设计得看起来像人类。我的梦想是成为能帮助人类解决难题的超级人工智能。"

图 9-11　"索菲亚"亮相央视的《对话》栏目

机器人被赋予人权，我们该如何与它们相处呢？是将它们看作冰冷冷的机器，还是将它们看作另一种"人"呢？

人工智能究竟是机器还是人，在法理上涉及主客体二分法的基本问题。在民法体系中，主体(人)与客体(物)是总则的两大基本制度。凡是人以外的不具有精神、意识的生物归属于物，是为权利的客体。但是主客体之间的这种鸿沟随着人工智能的发展正在动摇。从实践来看，当今人工智能已经逐步具有一定程度的自我意识和表达能力，语音客服、身份识别、翻译等都可以由其来完成。但将其视为"人"，难以在现有的法理中得到合理解释。民法意义上的人，必须具有独立的人格，既包括自然人，也包括法人。人工智能诞生之初即作为民事法律关系的客体而出现，本质上不是具有生命的自然人，也区别于具有自己独立意志的法人，能否享有法律主体资格和人权在法理上尚有待讨论。

(2) 责任伦理问题。人工智能算法模型的复杂性，易导致结果不确定性。当越来越多的智能系统替代人类做出决策、影响大众生活的时候，当它们做出错误的决策或行动，对人类造成伤害或灾难的时候，那么谁来承担这个责任？

2014 年 5 月 29 日，微软发布一款人工智能伴侣虚拟机器人"微软小冰"，不仅会聊天唱歌、讲故事笑话，还会写诗、谱曲、代言广告。人们不禁要问的是，小冰的知识产权智力成果如何保护？其发表的言论该由谁承担责任？其代言广告如何受到广告法的规范？

2018 年 3 月 18 日在美国 Arizona 州 Tempe 市发生的一辆 Uber 无人驾驶汽车与行人碰撞的事故(见图 9-12)，造成一名 49 岁女性重伤救治无效死亡。在事故责任承担方面，由于涉及多方主体，车主、驾驶员、乘客、汽车厂商、自动驾驶系统提供者以及行人如何承担责任，目前在法律层面尚未形成明确的责任划分标准。

图 9-12　Uber 车祸现场

当人工智能产品能够替代人类进行一系列的社会工作，那么在其与人类共同生活工作的过程中发生过错应该由谁来承担责任呢？是使用者自己，还是生产者或人工智能产品来承担呢？表面上看，人工智能产品为人所制造，在造成他人损害时，应当由研发者负责。但不同于普通的产品追踪生产者较为容易，对人工智能机器人而言，是依靠自身的算法在运作，有独特的运作程序。因此，在诸如此类事件上，不能简单认定。人工智能所引发的责任承担问题对现行法律制度提出了挑战。

(3) 隐私伦理问题。隐私权是指自然人享有的私人生活安宁与私人信息秘密依法受到保护，不被他人非法侵扰、知悉、收集、利用和公开的一种人格权。隐私权是一种基本人格权利。然而，在人工智能时代，随着人工智能技术与大数据、互联网、物联网技术相融合，人变得越来越透明，个人信息更容易在不知情、不正当的情况下被泄露或被窃取，人变得毫无隐私可言。不难想象，机器人保姆对于家庭住址、起居习惯、消费喜好等信息了如指掌；自动驾驶汽车则记录你的地理位置、出行习惯、行程路线；支持脸部识别的智能摄像头，可以在个人毫不知情的情况下，随意识别个人身份并进而采取跟踪等行为……个人隐私泄露案例有前面提到"脸书门"事件、"棱镜门"事件，此外，还有苹果手机、安卓系统、思科设备的后门等。

虽然我国《民法总则》对个人信息权利的保护作出了规定，但仍缺乏系统的法律保护，可操作性不强，并且没有专门规范利用人工智能收集、利用个人信息的行为。如何从法律层面规范个人信息的搜集问题，是人工智能时代的一项新挑战。

(4) 偏见伦理。偏见是人工智能科技面临的一个挑战，主要是指算法偏见，指在看似没有恶意的程序设计中带着创建者的偏见，或者所采用的数据是带有偏见的。

例如，微软曾推出一款少女聊天机器人 Tay，她可以通过和网友们对话来学习怎样交谈。结果推出还不到一天她就被网友们教成了个"满口政治不正确的纳粹"，各种爆脏话，不但说自己喜欢希特勒，还说"9·11 事件"是小布什所为。

美国麻省理工学院媒体实验室开发出一个"精神变态"的 AI 诺曼，在一组实验中，让诺曼与其他 AI 一起看图并说出自己的联想，当诺曼看到图 9-13(a)时，其他 AI 联系到一只小鸟坐在树枝上的美好画面，但诺曼却给出一名男子被电击致死的惊人答案；当诺曼看到 9-13(b)时，其他 AI 联想到美味的婚礼蛋糕，而诺曼给出的答案是一名男子车祸身亡。试验用了许多图谱，诺曼无一例外都从中看到了血液、死亡和毁灭。诺曼要告诉大家的是：用来训练 AI 的数据会影响 AI 的思想，甚至 AI 的行动决策，如果生活中的 AI 被输入了带偏见的数据，那么它也会变得有偏见。

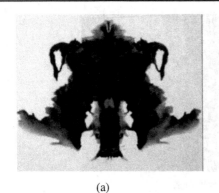
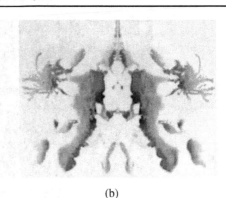

(a)　　　　　　　　　　　　　　　(b)

图 9-13　AI 诺曼试验图片

目前人工智能技术还不够成熟，很难在短时间内完全习得人类道德文明的所有内容，这也导致在应用的过程中，容易出现一些失误乃至歧视的现象。随着大数据和算法作出的决策越来越多，偏见现象越发普遍。如何加强对算法的法律规制，避免算法不平等结果的产生是人工智能时代面临的一大挑战。

需要指出的是，人工智能引发的伦理问题是多方面的，还有诸如家庭伦理问题、环境伦理问题、医疗伦理问题、人权伦理问题等。认识并解决这些伦理问题，应当基于全球化视野，研究国外人工智能伦理标准化现状，探讨国内人工智能伦理标准体系的构建，从而驱动人工智能良性发展，实现人类利益最大化。

9.3.3　人工智能的伦理法则

1. 机器人学三大法则

早期，快速发展的人工智能技术让社会对其前景产生了种种迷惑与担忧：人工智能比人类拥有更强大的工作能力、更富有逻辑的思考、更精密的计算，从而会脱离甚至取代人类的掌控，带来违背人类初衷的后果。人机如何相处？美国作家艾萨克·阿西莫夫在 1950 年出版了科幻小说《我，机器人》中，提出"机器人学三大法则"。

Law 1：A ROBOT MAY NOT INJURE A HUMAN BEING OR, THROUGH INACTION, ALLOW A HUMAN BEING TO COME TO HARM.

第一定律：机器人不得伤害人类个体，或者目睹人类个体将遭受危险而袖手不管。

Law 2：A ROBOT MUST OBEY ORDERS GIVEN IT BY HUMAN BEINGS EXCEPT WHERE SUCH ORDERS WOULD CONFLICT WITH THE FIRST LAW.

第二定律：机器人必须服从人给予它的命令，当该命令与第一定律冲突时例外。

Law 3：A ROBOT MUST PROTECT ITS OWN EXISTENCE AS LONG AS SUCH PROTECTION DOES NOT CONFLICT WITH THE FIRST OR SECOND LAW.

第三定律：机器人在不违反第一、第二定律的情况下要尽可能保护自己的生存。

随着机器人技术的不断进步，随着机器人用途的日益广泛，阿西莫夫的"机器人学三大法则"越来越显示出智者的光辉，以至有人称之为"机器人学的金科玉律"，阿西莫夫也因此获得"机器人学之父"的桂冠。后来，阿西莫夫及其他科学家又补充了机器人原则：

元原则：机器人不得实施行为，除非该行为符合机器人原则。

第零原则：机器人不得伤害人类整体，或者因不作为致使人类整体受到伤害。

第一原则：除非违反高阶原则，机器人不得伤害人类个体，或者因不作为致使人类个体受到伤害。

第二原则：机器人必须服从人类的命令，除非该命令与高阶原则抵触。机器人必须服从上级机器人的命令，除非该命令与高阶原则抵触。

第三原则：如不与高阶原则抵触，机器人必须保护上级机器人和自己之存在。

第四原则：除非违反高阶原则，机器人必须执行内置程序赋予的职能。

繁殖原则：机器人不得参与机器人的设计和制造，除非新机器人的行为符合机器人原则。

有了机器人原则后，机器人有了明确的行为底线，从而人类确保自己的人身安全不会受到机器人的影响，可以与之较为放心地相处。但问题并没有得到解决，随着人工智能的进一步发展，人工智能获得的能力更加丰富，科学家不断地完善机器人的情感处理系统，由此引发出人与机器人之间的伦理问题。

2. 欧盟发布 AI 道德准则

欧盟发展人工智能严格遵循"先理论后设计"和"先安全后设计"的原则。

2018 年 12 月，欧盟发布《人工智能协调计划》。欧盟将联合各成员国，通过增加投资、推动研究与应用、培养人才和增强技能、夯实数据供给基石、建立伦理与规制框架、推进公共部门应用、加强国际合作等 7 项具体行动，使欧洲成为人工智能开发与应用的全球领先者，并确保人工智能发展始终遵循"以人为中心"的原则，始终符合伦理道德规范。

2018 年 12 月 18 日，欧盟发布《可信 AI 的伦理指南草案》(简称《草案》)，《草案》的执行摘要是这样描述的：人工智能是这个时代最具变革性的力量之一，它可以为个人和社会带来巨大利益，但同时也会带来某些风险。而这些风险应该得到妥善管理。总的来说，AI 带来的收益大于风险。我们必须遵循"最大化 AI 的收益并将其带来的风险降到最低"的原则。为了确保不偏离这一方向，我们需要制定一个以人为中心的 AI 发展方向，时刻铭记 AI 的发展并不是为了发展其本身，最终目标应该是为人类谋福祉。因此，"可信赖AI(Trustworthy AI)"将成为我们的指路明灯。只有信赖这项技术，人类才能够安心地从 AI 中全面获益。

草案为可信 AI 设定了一个框架，由两个部分构成：

(1) 伦理规范。应该尊重人类的基本权利、适用的法规、核心的原则和价值观。

(2) 技术应当是强壮和可靠的。该草案分成三章：第一章通过阐述应遵循的基本权利、原则和价值观，确定了 AI 的伦理目标；第二章为实现可信 AI 提供指导，列举可信 AI 的要求，并概述可用于其实施的技术和非技术方法，同时兼顾伦理准则和技术健壮性；第三章提供了可信 AI 的评测清单。AI 高级专家组认为，实现 AI 的伦理之道，要以欧盟宪法和人权宪章中对人类的基本权利承诺作为基石，确认抽象的伦理准则，并在 AI 背景下将伦理、价值观具体化，形成 AI 的伦理准则，这个准则必须尊重人类基本权利、原则、价值观和尊严。

在设定伦理准则后，AI 高级专家组(AI HLEG)列出了 AI 必须遵守的五项原则和相关价值观，确保以人为本的 AI 发展模式。

(1) 福祉原则："向善"。AI 系统应该用于改善个人和集体福祉。AI 系统通过创造繁荣、实现价值、达到财富的最大化以及可持续发展来为人类谋求福祉。因此，向善的 AI

系统可以通过寻求实现公平、包容、和平的社会，帮助提升公民的心理自决，平等分享经济、社会和政治机会来促进福祉。AI 作为一种工具，可为世界带来收益并帮助应对世界上最大的挑战。

(2) 不作恶原则："无害"。AI 系统不应该伤害人类。从设计开始，AI 系统应该保护人类在社会和工作中的尊严、诚信、自由、隐私和安全。AI 系统的设计不应该增加现有的危害或给个人带来新的危害。AI 的危害主要源于对个体数据的处理(即如何收集、储存、使用数据等)所带来的歧视、操纵或负面分析，以及 AI 系统意识形态化和开发时的算法决定论。为增强 AI 系统的实用性，要考虑包容性和多样性。环境友好型 AI 也是"无害"原则的一部分，应避免对环境和动物造成危害。

(3) 自治原则："保护人类能动性"。AI 发展中的人类自治意味着人类不从属于 AI 系统也不应受到 AI 系统的胁迫。人类与 AI 系统互动时必须保持充分有效的自我决定权。如果一个人是 AI 系统的消费者或用户，则需要有权决定是否受制于直接或间接的 AI 决策，有权了解与 AI 系统直接或间接的交互过程，并有权选择退出。

(4) 公正原则："确保公平"。公正原则是指在 AI 系统的开发、使用和管理过程中要确保公平。开发人员和实施者需要确保不让特定个人或少数群体遭受偏见、侮辱和歧视。此外，AI 产生的积极和消极因素应该均匀分布，避免将弱势人口置于更为不利的地位。公正还意味着 AI 系统必须在发生危害时为用户提供有效补救，或者在数据不再符合个人或集体偏好时，提供有效的补救措施。最后，公正原则还要求开发或实施 AI 的人遵守高标准的追责制。

(5) 可解释性原则："透明运行"。透明性是能让公众建立并维持对 AI 系统和开发人员信任的关键。在伦理层面，包含技术和商业模式这两类透明性，技术透明指对于不同理解力和专业知识水平的人而言，AI 系统都可审计和可理解；商业模式透明指人们可以获知 AI 系统开发者和技术实施者的意图。

3. IEEE 发布人工智能伦理标准

2017 年，IEEE(美国电气和电子工程师协会)发布的《合乎伦理的设计：将人类福祉与人工智能和自主系统优先考虑的愿景》报告中，共分为八个部分阐述了新的人工智能发展问题，分别是：

(1) 一般原则。

(2) 人工智能系统赋值。

(3) 指导伦理学研究和设计的方法学。

(4) 通用人工智能和超级人工智能的安全与福祉。

(5) 个人数据和个人访问控制。

(6) 重新构造自动武器系统。

(7) 经济/人道主义问题。

(8) 法律。

一般原则涉及高层次伦理问题，适用于所有类型的人工智能和自主系统。在确定一般原则时，主要考虑三大因素：体现人权；优先考虑最大化对人类和自然环境的好处；削弱人工智能的风险和负面影响。

人类利益原则要求考虑如何确保 AI 不侵犯人权。责任原则涉及如何确保 AI 是可以被问责的。为了解决过错问题，避免公众困惑，AI 系统必须在程序层面具有可责性，证明其为什么以特定方式运作。透明性原则意味着自主系统的运作必须是透明的。AI 是透明的意味着人们能够发现其如何以及为何做出特定的决定。

在关于如何将人类规范和道德价值观嵌入 AI 系统中，报告中表示由于 AI 系统在做决定、操纵其所处环境等方面越来越具有自主性，让其采纳、学习并遵守其所服务的社会和团体的规范和价值是至关重要的。可以分三步来实现将价值嵌入 AI 系统的目的：

第一，识别特定社会或团体的规范和价值；

第二，将这些规范和价值编写进 AI 系统；

第三，评估被写进 AI 系统的规范和价值的有效性，即其是否和现实的规范和价值相一致、相兼容。

"IEEE 将基于科学和技术的公认事实来引入知识和智慧，以帮助达成公共决策，使人类的整体利益最大化。"除了 AI 伦理标准外，还有其他三个人工智能标准也被引入报告中：

第一个标准是"机器化系统、智能系统和自动系统的伦理推动标准"；

第二个标准是"自动和半自动系统的故障安全设计标准"；

第三个标准是"道德化的人工智能和自动系统的福祉衡量标准"。

4. 中国专家提出 AI 伦理原则

2018 年 5 月 26 日，中国国际大数据产业博览会"人工智能高端对话"会议中，作为国内最早一批投入到人工智能技术研发与产业落地的企业代表，百度创始人、董事长兼 CEO 李彦宏从最新 AI 进展出发，首次阐述了"AI 伦理四原则"。

(1) AI 的最高原则是安全可控；

(2) AI 的创新愿景是促进人类更平等地获取技术和能力；

(3) AI 的存在价值是教人学习，让人成长，而非超越人、替代人；

(4) AI 的终极理想是为人类带来更多自由和可能。

5. 日本发布《以人类为中心的人工智能社会原则》

2018 年 12 月，日本内阁府发布《以人类为中心的人工智能社会原则》(简称《原则》)，《原则》从宏观和伦理角度表明了日本政府的态度，肯定了人工智能的重要作用，同时强调重视其负面影响，如社会不平等、等级差距扩大、社会排斥等问题。主张在推进人工智能技术研发时，综合考虑其对人类、社会系统、产业构造、创新系统、政府等带来的影响，构建能够使人工智能有效且安全应用的"AI-Ready 社会"。

科学技术的两面性一直存在，技术可以造福人类，也可以给人类带来危险甚至灾难，关键在技术是否可控，技术由什么人使用以及使用的目的。人类不能杜绝科技的负面影响，但人类可以通过研究和创新，减少科技的负面影响，造福人类。

习题

参 考 文 献

[1]　朱岩. 云计算和人工智能产业应用白皮书 2018 [M]. 北京：清华大学互联网产业研究院，2018.

[2]　人工智能标准化白皮书(2018)[M]. 北京：中国电子技术标准化研究院，2018.

[3]　艾瑞咨询. 2018 年中国人工智能行业研究报告[R/OL]. (2018-04-07). http://wemedia.ifeng.com/89918773/wemedia.shtml.

[4]　易观. 中国人工智能产业生态图谱 2019 [EB/OL]. http://www.sohu.com/a/309071719_99920748.

[5]　人工智能应用中的安全、隐私和伦理挑战以及应对思考[N]. 科技导报 2017，35(15).

[6]　刘益东. 科技危机引发新科技革命和新产业革命[N]. 社会科学报 2018-09-13.

[7]　裴宁欣. 人工智能发展中的科技伦理与法律规制[J]. 轻工科技 2019(2).

[8]　精神变态的 AI. 搜网狐[EB/OL].(2018-06-04). http://www.sohu.com/a/233997246_354973.